KB179642

LIFE SOUP

LIFE SOUP
라이프 수프

몸과 마음, 생활이 정돈되는 48가지 인생 수프 레시피

아리가 가오루 지음 · 이정원 옮김

LIFE SOUP

우리 집 식탁을 구하러 수프가 왔다!

Column

인생 수프를 만날 준비

이 책에는 여러분이 잘 아는 기본적인 수프를 최소한의 재료와 조미료로 체험할 수 있는 간단한 레시피를 담았습니다. 국물 내는 방법쯤은 웬만큼 알고 만들 줄 알게 되지요. 손쉽게 만들었는데 맛을 보면 '이걸 내가 만들었다고?' 하고 깜짝 놀라게 되는 수프들이 가득합니다.

수프를 만들기에 앞서 중요한 도구와 조미료 이야기를 해볼게요. 먼저 냄비는 너무 크지도, 너무 작지도 않은 걸 쓰는 게 중요해요. 이 책에 나오는 수프는 대부분 지름 18cm의 스테인리스 편수냄비, 20cm의 두꺼운 양수냄비, 24cm의 테플론 궁중팬, 이렇게 세 가지로 만들었어요. 프라이팬은 재료를 볶거나 구워서 끓이는 수프를 만들 때 큰 도움이 되지요.

주걱은 무인양품에서 나온 실리콘 재질을 애용하고 있습니다. 섞고 뒤집고 건지는데 이거 하나면 되니까요. 소리야나기의 타원형 국자는 작은 그릇에도 국물을 깔끔하게 담을 수 있어 마음에 듭니다. 날로 좋아지는 주방 도구들을 평소에도 잘 챙겨보는 편이지만, 오랫동안 써온 나무주걱만큼은 변함없이 함께하는 짝꿍 같은 존

재입니다.

조미료는 기본 조미료를 활용합니다. 소금은 아주 일반적인 소금으로 충분합니다. 소량이지만 거기서 차이가 비롯되기 때문에 레시피에 나오는 큰술과 작은술 용량을 잘 지켜주면 맛이 보장되지요. 미소나 간장은 좀 좋은 것을 쓰면 간단한 요리라도 격이 달라집니다. 다시마, 멸치, 가다랑어포도 마찬가지에요.

자, 이제 준비됐습니다. 어떤 수프부터 만들어볼까요?

이 책은 이렇습니다

- 재료는 기본적으로 2인분 기준입니다.
- 1큰술 = 15ml, 1작은술 = 5ml입니다.
- 소금은 작은술 1 = 6g입니다.(굵은 소금은 작은술 1 = 5g으로 조절하세요.)
- 조리 시간은 화력이나 냄비 크기 등에 따라 달라지니 알맞게 조절하세요.

요리를 편하게 해주는 도구

주걱
실리콘 조리용 주걱

국자
국물 뜨기 좋은 국자

계량 수저
1큰술 = 15ml
1작은술 = 5ml

수프 만들기의 필수품, 냄비

지름
18
cm

스테인리스 편수냄비
빠르게 1~2인분 만들 때

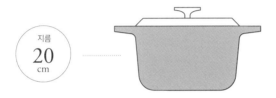

지름
20
cm

바닥이 두툼한 양수냄비
건더기가 큼직하거나 오래 끓일 때

지름
24
cm

테플론 가공 궁중팬
재료를 볶거나 구워서 만들 때

먼저 치킨 수프나 미네스트로네, 포토푀나 포타주처럼
누구나 잘 아는 기본적인 수프를 소개해드릴게요.
어려울 것 같지만 전혀 아닙니다.
최소한의 재료에 약간의 수고로움을 더하는 손쉬운 레시피로 만들 거거든요.
간단하지만 한 입 먹으면 깜짝, 자꾸자꾸 만들고 싶어지는 맛일 거예요.

LIFE SOUP

1

기본이 되는 인생 수프

1

치킨 수프

수프라고 하면 고기나 뼈 같은 걸 커다란 냄비
에 몇 시간씩 보글보글 끓이는…… 그런 이미
지를 떠올리지는 않나요? 하지만 다진 닭고기
를 물에 풀어 끓이기만 해도 깜짝 놀랄 만큼 맛
있는 국물이 우러난답니다. 먼저 건더기가 없
는 기본 수프를 맛보세요. 수프의 새로운 세계
가 열릴 거예요.

기본

베이직 치킨 수프

응용

우엉과 다진 닭고기 수프
피망과 다진 닭고기 수프
셀러리 완자 수프

다진 닭고기 만능 육수

베이직 치킨 수프

다진 닭고기를 물에 풀어 끓입니다.
가장 간단하면서도 맛있는 본격 수프 완성!

소요시간 **25분**

재료 (2~3인분)

닭가슴살 …… 300g
대파(파란 부분) …… 조금 ※ 또는 마늘 1쪽
다시마 …… 5cm
물 …… 1,000ml
소금, 간장 …… 적당량
후추 …… 조금

만드는 법

1 냄비에 다진 닭고기를 넣고 주걱이나 젓가락 등으로 고기를 풀면서 물을 조금씩 붓습니다.

2 거기에 다시마와 대파를 넣은 다음 중불에 올립니다. 끓으면 다시마를 건져내세요. 국물이 끓으면서 거품이 올라오면 걷어내고 약불로 줄입니다. 끓는 정도를 보면서 불을 조절해주세요.

3 뚜껑은 열어둔 채 15분 정도 더 끓인 다음 면포 등을 걸친 채반에 걸러줍니다. 수프 300ml 기준 소금 작은술과 간장 약간으로 간을 하고 후추를 뿌려서 먹습니다. 취향에 따라 파 등을 고명으로 곁들여도 좋아요.

아는 만큼 더 맛있어진다!

국물을 맑게 하려면

탁하지 않은 맑은 국물을 만드는 포인트는 화력과 시간. 다진 고기를 물에 풀 때는 조금 탁해 보여도 괜찮아요. 냄비를 불에 올려 끓기 시작하면 아주 약한 불로 천천히 다진 닭고기에서 감칠맛을 뽑아냅니다. 끓이다 보면 점점 국물이 맑아지는 게 느껴질 거예요.

감칠맛 상승 효과

다시마는 서양식 부용 등에는 보통 쓰지 않지만, 닭고기의 이노신산과 다시마의 글루탐산이 결합되면 맛의 상승효과가 일어나 1+1=2가 아니라 1+1=3? 4?가 되는 기적이 일어납니다. 다시마가 없으면 말린 표고버섯도 추천할게요. 자투리 채소를 넣어도 좋아요. 닭고기 특유의 잡내를 싹 잡아줄 거예요.

응용: 수프에 색을 내고 싶다면?

부용이나 콩소메 수프 하면 연한 갈색 국물을 떠올리는 분들이 많을 거예요. 그 고유의 색감은 장시간 끓이는 과정에서 마야르 반응으로 생깁니다. 콩소메처럼 조금 색을 내고 싶으면 향신채소를 구워서 넣는 방법도 있습니다. 기름 없이 팬에 대파를 넣고 까맣게 될 때까지 구워서 넣어보세요.

육수를 우려낸 고기는 어디에 쓸까?

육수를 내고 남은 고기도 감칠맛은 살짝 덜하지만 충분히 맛있게 먹을 수 있습니다. 맛술. 설탕이나 미림. 간장을 1:1:1 비율로 넣고 졸여서 닭고기덮밥 재료로 활용해보세요. 만들어둔 수프를 2큰술 넣어주면 더욱 촉촉하게 완성됩니다.

우엉과 다진 닭고기 수프

우엉과 대파, 한 입 크기의 고기가 보기에도 동글동글 귀여운 수프입니다.
다진 고기를 한 수저씩 떠서 넣으면 굳이 반죽하거나 둥글게 빚지 않아도
익으면서 자연스레 완자 형태가 나오지요.
또 우엉 특유의 식감과 풍부한 향은 닭고기와 궁합이 잘 맞습니다.

소요시간 **15분**

재료

우엉 …… 150g(2/3~1개)
대파 …… 1개
닭다리살 …… 100g
소금 …… 1/2작은술
간장 …… 1작은술
후추 …… 조금
물 …… 500ml

만드는 법

1 우엉은 표면의 흙을 털어내고 물로 깨끗이 씻어 작게 썰어둡니다.
대파는 흰 부분을 1.5cm 폭으로 납작하게 썰어 우엉과 크기를 맞춥니다.

2 냄비에 우엉과 대파를 넣고 그 위에 다진 닭다리살을 1작은술씩 떠서 올립니다.
그런 다음 물 100ml만 넣고 뚜껑을 덮어 중불에서 5분 끓입니다.

3 나머지 물과 소금을 넣고 다시 5분 정도 끓입니다.
간장으로 간을 하고 후추를 뿌려 마무리합니다.

피망과 다진 닭고기 수프

식감이 재미있어서 피망을 싫어하는 사람에게도 추천하는 수프입니다.
익으면서 풋내가 사라지도록 피망은 잘게 썰어서 넣으니,
다진 고기와 함께 입안 가득 퍼지는 식감을 즐겨보세요.

소요시간 **10분**

재료

피망 ······ 3개
닭가슴살 ······ 100g
생강 ······ 1토막(10g)
녹말가루 ······ 1큰술
소금 ······ 2/3작은술
참기름 ······ 조금
물 ······ 500ml

만드는 법

1   피망은 다져두고 냄비에 다진 닭고기와 간 생강, 소금을 먼저 넣은 다음
    물을 조금씩 더하면서 풀어줍니다.

2   냄비를 중불에 올리고 잠깐 끓이다가 거품이 생기면 걷어내고 약불로 줄인 다음
    피망을 넣고 3분 정도 끓입니다.

3   소금을 적당히 넣고 미리 풀어둔 녹말가루를 조금씩 넣어 걸쭉하게 만듭니다.
    마무리로 참기름을 두른 다음 불을 끕니다.

셀러리 완자 수프

셀러리와 다진 고기만으로 만들어내는 초간단 수프.
셀러리 잎과 줄기를 듬뿍 넣은 닭고기 완자에서
국물이 제대로 우러나기에 가능한 맛입니다.

소요시간 **20분**

재료

셀러리 ······ 1개(150g 내외)
닭가슴살 ······ 200g
소금 ······ 1/2작은술
식용유 ······ 1큰술
물 ······ 600ml

만드는 법

1 셀러리는 윗부분의 가는 줄기와 잎 50~70g은 다지고
굵은 줄기는 어슷하게 썰어둡니다. 냄비에 물을 붓고 불에 올립니다.

2 다진 닭고기에 소금을 넣고 찰기가 생길 때까지 반죽합니다.
그런 다음 다진 셀러리와 식용유를 넣고 잘 섞어 8등분 합니다.
물이 끓으면 고기를 둥글게 빚어서 넣고 약불에서 5~6분 끓입니다.
거품이 올라오면 계속 걷어내주세요.

3 얇게 어슷썰기 한 셀러리와 소금을 넣고 2분 끓인 뒤 불을 끕니다.

2

미네스트로네

매일 사용하는 익숙한 채소에 이런 매력이 있었네 하고 깜짝 놀라게 되는 수프입니다. 한 가지 채소만 써서 만들어볼게요. 채소 자체의 수분으로 볶거나 찌는 것만으로 본연의 맛을 끌어내 채소 고유의 감칠맛과 향, 단맛을 즐길 수 있습니다. 제철채소를 듬뿍 넣고 만들어보세요.

기본

양파 미네스트로네

응용

당근 수프
양배추 수프

볶기만 해도 올라오는
채소의 감칠맛

양파 미네스트로네

재료를 최소화해서 만들어낸 미네스트로네로,
걸쭉하고 달콤한 양파의 풍미가 매력적인 수프입니다.

소요시간 **25분**

재료 (2~3인분)

양파 …… 2개(400g)
마늘 …… 1쪽
토마토 주스 …… 200ml
계란 …… 2개
소금 …… 2/3작은술
후추 …… 조금
올리브유 …… 3큰술
물 …… 300ml

만드는 법

1 양파는 껍질을 벗기고 반으로 자른 뒤 결대로 8mm 폭으로 썰어둡니다. 마늘은 칼을 눕혀 으깨주세요.

2 두툼한 냄비에 올리브유와 마늘을 넣고 약불로 볶습니다. 마늘 향이 나기 시작하면 양파와 소금을 넣고 중불에서 볶습니다. 양파가 투명해지면 토마토 주스와 물을 붓고 뚜껑을 덮은 다음 12~15분 정도 끓입니다. 소금과 후추로 간을 해주세요.

3 냄비에 계란을 깨 넣고 뚜껑을 덮어 반숙으로 익힌 다음 불을 끄고 그릇에 담습니다. 취향에 따라 바게트를 곁들여도 좋습니다.

아는 만큼 더 맛있어진다!

기름은 충분히

레시피에 나오는 기름이 많아 보여서 분량보다 적게 쓰는 분들도 있지만, 기름도 맛을 내는 데 중요한 요소입니다. 속는 셈 치고 한 번쯤 레시피대로 만들어보세요. 채소에서 나온 수분과 기름이 섞이면서 느끼함을 잡아준답니다. 기름 대신 버터를 써도 맛있어요.

몽글몽글 볶아주기

미네스트로네의 기본은 기름에 채소를 볶는 것입니다. 그렇지만 중화요리처럼 센불로 순식간에 볶는 것과는 달라요. 천천히, 천천히, 냄비 속 채소에 송글송글 땀이 맺힐 때까지 볶는. 이른바 '찜질 볶음'입니다. 이 과정에서 채소의 수분과 함께 특유의 잡내와 쌉쌀한 맛이 빠집니다. 여기서 관건은 '태우지 말고 수분을 날리기'. 눌어붙을 것 같으면 물 1~2큰술을 넣고 불을 줄여서 볶아주세요. 양파가 촉촉하게 수분이 빠지고 투명해지면 OK. 이 상태에서 다른 채소를 추가해도 되고 당근이나 양배추를 비슷한 방법으로 볶아 국물로 만들어도 좋아요. 이 '찜질 볶음' 방법으로 만드는 수프가 바로 저의 '미네스트로네'랍니다.

'얼마나' 끓여야 할까?

양파는 잘 볶아놨기 때문에 5분 정도 끓이면 먹을 수 있습니다. 그런데 좀 더 맛있게 먹으려면 15분 정도 푹 끓이는 게 좋아요. 양파를 부드럽게 끓이면 냄비 안에서 걸쭉해지거든요. 은근하게 오래 끓여야 재료의 맛이 조화롭게 어우러지면서 더 맛있어집니다.

당근 수프

당근을 있는 그대로 즐겨보세요.
평소 조연만 하던 당근의 달콤하고 신선한 매력을 알 수 있답니다.

소요시간 **30분**

재료(2~3인분)

당근 …… 2개
버터 …… 20g
소금 …… 1작은술
물 …… 약 500ml

만드는 법

1 당근은 끝을 다듬고 껍질을 벗겨 5mm 두께로 둥글게 자릅니다.

2 냄비에 당근과 버터를 넣고 기름이 재료에 흡수될 때까지 볶아주세요.
   그런 다음 물 300ml와 소금을 넣고 뚜껑을 덮어 중불에서 20분간 끓입니다.
   물이 줄어들었다면 중간에 추가해줍니다.

3 당근이 푹 익어서 부드러워지면 남은 물을 다 넣고 소금으로 간을 합니다.
   이때 물은 조금씩 넣어 조절해주세요.

양배추 수프

양배추에 마늘의 풍미를 살짝 더해 질리지 않는 맛으로 완성합니다.
식초가 간을 잡아주어 계속 손이 갈 거예요.

소요시간 **20분**

재료(2~3인분)

양배추 …… 1/4개(350~400g)
마늘 …… 1쪽
소금 …… 1작은술
올리브유 …… 2큰술
물 …… 500ml
식초 …… 조금

만드는 법

1 양배추를 8mm 정도 폭으로 잘라 채반에 넣고 씻은 뒤 물기를 빼줍니다.
   마늘은 껍질을 벗겨 으깨주세요.

2 냄비에 마늘을 넣은 뒤 양배추와 소금도 번갈아 넣고 뚜껑을 덮어 중불에 올립니다.
   3분 후에 올리브유를 넣고 재료와 어러러지도록 잘 섞어가며 3~4분 볶습니다.

3 물을 넣고 한소끔 끓인 뒤 약불로 10분 정도 더 끓이다 식초를 넣어 마무리합니다.
   취향에 따라 가루치즈를 뿌려도 맛있어요.

소금을 두려워하지 말아요

수프를 끓일 때 간 맞추는 게 가장 어렵게 느껴질 거예요. 저도 그랬지만, 소금은 적당량보다 대체로 적게 사용하는 것 같습니다. 요리 행사장에서 참가자에게 '소금 한 꼬집'을 달라고 하면, 대개는 민망할 정도만 집는 경우가 압도적으로 많거든요. 참고로 '소금 한 꼬집'은 1g 안팎입니다. 엄지와 검지, 중지 이 세 손가락으로 집어 올리면 딱 그 정도가 되지요.

확실히 수프는 너무 짜면 안 됩니다. 첫 입에 '어? 좀 싱겁나?' 하는 정도라야 끝까지 맛있게 먹을 수 있어요. 그리고 건강 면에서도 소금은 신경이 쓰일 수밖에 없지요. 그래도 소금을 어느 정도 넣어줘야 재료의 윤곽이 뚜렷해지면서 수프 맛도 제대로 살아납니다. 그러려면 무엇보다 소금을 두려워하지 말아야 해요.

첫 소금과 마지막 소금

많은 양의 국물 맛을 단번에 맞추려 하면 실패하기 쉽습니다. 이럴 때는 '첫 소금'을 염두에 두고 있으면 좋아요. 소금에 절인 돼지고기로 만드는 포토푀나 소금을 넣고 채소를 볶는 미네스트로네를 만들 때 밑간을 위한 소금을 조금 의식해서 넣었더니 수프 맛이 단연 좋아지는 걸 느꼈거든요. 준비 단계에서 고기나 채소에 어느 정도 간을 해두면 시간을 들여 끓여도 재료의 맛이 흐트러지지 않습니다.

짧은 시간에 만들어내는 수프는 '마지막 소금'으로 맛을 정합니다. 이때는 조금 더 신중해져야 해요. 수프는 짧은 시간에도 꽤 많은 양의 수분이 증발하기 때문이지요. 냄비 두께나 채소 크기, 불 조절 등에 따라 같은 양으로 시작해도 끓어오를 때 국물 양은 달라집니다. 그러니 레시피에 나온 소금을 한꺼번에 넣기보다는 간을 보면서 조금씩 넣길 추천합니다.

소금과 자신감

짠맛이 어려운 이유는 사람마다 느끼는 정도가 다르다는 데서 비롯됩니다. 공식적으로 수프의 염분은 0.8~0.9% 미만이 딱 좋다고 해요. 하지만 실제로는 심심한 맛을 좋아하는 사람도 있고, 강렬한 맛을 좋아하는 사람도 있지요. 한집에 사는 부부도 소금 취향이 다르면 식사 때마다 조용한 다툼이 있을 거예요.

사실 소금은 요리나 상황에도 영향을 받습니다. 호박이나 당근 포타주 등은 소금 간을 아주 연하게 해서 채소 본연의 단맛을 즐기는 게 좋고, 카레 수프나 면이 들어간 수프는 진해야 만족스럽지요. 식탁에 놓인 음식 가짓수가 많을 때는 혀가 쉴 수 있도록 거의 간이 되지 않은, 뜨거운 물에 가까운 수프를 부러 만들 때도 있어요. 때로는 아무런 맛이 나지 않은 것이 감사할 수도 있으니까요.

이렇게 소금이 어려운 건 어쩌면 사람의 마음을 읽는 어려움이라고도 할 수 있겠네요. 영원한 고민이 아닐 수 없겠어요.

3

포토푀

고기야말로 매일의 요리 고민을 줄여준다는 걸 포토푀를 만들면서 깨달았답니다. 소금에 절인 돼지고기와 채소를 함께 끓여낸 포토푀는 시간은 걸리지만 수고로움은 크지 않으니까요. 채소는 고기가 익고 나서 적당히 익혀냅니다. 고기의 감칠맛이 우러난 국물을 가득 머금은 채소는 가짓수가 많지 않아도 충분히 맛있어요.

기본

감자와 돼지고기를 넣은 포토푀

응용

피망, 꽈리고추, 소시지로 만든 수프
순무와 닭다리살 수프
불맛 입힌 순무와 베이컨 수프

매일이 든든해지는

소금에 절인 돼지고기

감자와 돼지고기를 넣은 포토푀

소금에 절인 돼지고기와 감자만으로 만드는 박력 있고 간단한 포토푀예요.
냄새부터가 이미 진수성찬입니다.

소요시간 **120분** ※ 고기 재우는 시간 제외

재료 (3인분)

돼지고기(목살) …… 500g 정도
굵은소금 …… 10g(2작은술)
※ 고기 무게의 2%
설탕 …… 7. 5g(2작은술 납작하게)
※ 고기 무게의 약 1.5%
흑후추(알갱이) …… 적당량
※ 흑후추 가루도 가능
감자(중) …… 3개
물 …… 1,000~1,200ml(고기에 끼얹는 양)

만드는 법

1 먼저 돼지고기를 소금에 절입니다. 돼지고기는 세 조각으로 자르고, 굵은소금과 설탕, 으깬 후추는 섞어놓습니다. 그런 다음 모두 봉지에 넣어 전체적으로 고루 묻힌 다음 공기를 빼고 입구를 묶어 냉장고에 1~3일 정도 재워둡니다.

2 고기를 꺼내 흐르는 물에 표면을 살짝 씻어냅니다. 그런 다음 두툼한 냄비에 넣고 고기가 잠길 만큼 물을 부은 다음 뚜껑을 덮지 않은 채 중불에 올립니다. 거품이 어느 정도 떠오르면 국자로 건져내고 약불로 줄여, 20~30분마다 물을 조금씩 부어주면서 약 1시간~1시간 30분 끓여줍니다. 이때도 뚜껑은 덮지 않습니다.

3 껍질을 벗긴 통감자를 고기 사이사이에 넣고 30~40분 더 끓입니다. 꼬치로 찔러보고 감자가 단단하게 익었다 싶으면 소금(분량 외)으로 적절히 간을 해줍니다. 국물이 진하게 느껴지면 물을 더 넣고 끓입니다. 완성되면 접시에 담고 취향에 따라 머스터드를 곁들입니다.

아는 만큼 더 맛있어진다!

소금에 절인 돼지고기로 부드러움과 감칠맛 높이기

소금에 절이면 고기도 더 부드럽고 맛있어집니다. 돼지고기는 지방이 적당한 목살을 추천할게요. 고기 양이 너무 적으면 육수가 우러나지 않기 때문에 400g 이상 준비해주세요. 소금은 고기 양의 2%. 고기를 더 부드럽게 만들어주는 설탕은 고기 양의 1.5%. 후추는 굵게 간 것이나 통후추를 으깨어 사용합니다. 봉지에 넣고 잘 문질러서 소금이 골고루 묻게 한 다음 공기를 최대한 빼고 냉장고에서 숙성해주세요. 반나절이라도 그 과정을 거치면 확실히 맛에 차이가 느껴지고, 하루에서 이틀 정도 숙성하면 훨씬 맛있어져요. 숙성 과정에서 나온 육즙은 누린내가 날 수 있으니 꼭 씻어내세요. 수프를 만들고 남은 돼지고기는 다른 요리에도 다양하게 활용해보세요!

포토푀는 불 조절이 생명!

깊이 있는 냄비를 준비해 고기가 완전히 잠길 만큼 물을 붓습니다. 중간에 물이 증발하여 고기가 보이면 그때마다 추가해주세요. 거품은 한꺼번에 걷어내되, 감칠맛 나는 기름기까지 빼지 않도록 주의하세요. 처음에는 강불에서 끓이고, 거품을 걷어낸 뒤에는 표면이 보글보글 할 정도로 약불에서 끓여주세요.

신맛을 포인트로

머스터드나 피클처럼 신맛이 조금 나는 걸 곁들이면 맛의 포인트가 되고 질리지 않게 즐길 수 있습니다. 겨자마요네즈도 괜찮아요. 고기와 채소는 대접에, 수프는 작은 그릇에 따로 담아내면 메인과 수프, 두 가지 요리가 동시에 완성됩니다.

피망, 꽈리고추, 소시지로 만든 수프

피망을 통째로 푹 끓여서 만드는 여름 채소 포토푀입니다.
맛의 결이 비슷한 꽈리고추와 함께하면 예상하지 못한 조화도 느낄 수 있지요.
소시지 같은 가공육은 포토푀에 안성맞춤.
응축된 고기 맛과 적절한 짠맛이 수프에 고스란히 우러나는 경험을 해보세요.

소요시간 **30분**

재료

피망 …… 6개
꽈리고추 …… 6개(크기에 따라 조절)
베이컨(얇은 걸로) …… 3~4장
소시지 …… 2~3개
식용유 …… 1큰술
소금 …… 1/2작은술
물 …… 600ml

만드는 법

1   피망은 도마에 놓고 손으로 눌러 으깨고 씨도 털어냅니다.
    꽈리고추는 칼로 살짝 칼집을 내거나 포크로 구멍을 냅니다.
    궁중팬에 식용유를 둘러 달군 다음 피망과 꽈리고추를 넣고 주걱으로 눌러가며
    앞뒤로 잘 구워줍니다.

2   여기에 2cm 폭으로 자른 베이컨과 물을 넣고 불에 올립니다.
    끓어오르면 뚜껑을 덮어 10~15분 더 끓이다가,
    피망이 푹 익어서 부드러워지면 소금을 더해 맛을 내줍니다.

3   소시지까지 넣고 데워줍니다. 기호에 따라 고운 고춧가루를 뿌립니다.

순무와 닭다리살 수프

닭고기에서 우러난 감칠맛을 듬뿍 머금은 순무가 돋보이는 일품요리입니다.
순무는 쉽게 물러지지 않게 껍질째 사용하지만,
취향에 따라 껍질을 벗겨도 좋아요.

소요시간 **50분** ※고기 재우는 시간 제외

재료

닭다리살(대) …… 1개(350g)
소금 …… 2작은술
후추 …… 조금
순무 …… 2개(대) 또는 4개(중)
대파 …… 1개
물 …… 약 800ml

만드는 법

1 닭다리살을 반으로 자르고 소금 1작은술과 후추 약간을 골고루 뿌린 다음
키친타월로 잘 싸서 접시에 담아 2시간 정도 냉장고에 넣어둡니다.
순무는 잎과 잔뿌리를 제거한 다음 반으로 자릅니다.
잎은 2개 정도를 4~5cm 길이로, 대파는 5cm 길이로 썰어둡니다.

2 닭다리살을 대파와 함께 냄비에 넣고 물을 부은 다음 중불에 올립니다.
거품이 많이 올라오면 한꺼번에 걷어내고 약불로 끓입니다.
30분 정도 끓이다가 잘라둔 순무를 넣고 부드러워질 때까지 10~12분 끓입니다.

3 순무 잎을 넣고 2~3분 더 끓인 다음 소금으로 간을 해줍니다.

불맛 입힌 순무와 베이컨 수프

순무를 노릇노릇하게 구워서 끓이면 생각지도 못한 맛이 우러납니다.
쫄깃한 순무에 국물이 듬뿍 스며든 수프가 만족감을 안겨줄 거예요.

소요시간 **25분**

재료(2~3인분)

순무(중) ······ 3~4개
베이컨 ······ 3장
마늘 ······ 1쪽
올리브유 ······ 1큰술
소금 ······ 2/3작은술
물 ······ 600ml

만드는 법

1 순무는 잎과 잔뿌리를 잘라내고 껍질을 벗겨 1/4 크기로 자릅니다.
잎은 1~2개를 남겨 5cm 길이로 썰고 마늘은 으깨줍니다.

2 냄비에 올리브유와 으깬 마늘을 넣고 뜨겁게 달군 다음 순무와 잎을
노릇노릇하게 구워줍니다. 여기에 물과 베이컨을 넣고 뚜껑을 덮은 뒤 끓입니다.

3 순무가 부드럽게 익었다 싶으면 소금으로 간을 합니다.

4

포타주

단호박이나 감자처럼 부드럽고 섬유질이 적은
채소를 삶아 주걱으로 으깨면 블렌더 없이도 포
타주를 만들 수 있습니다. 양파나 우유도 필수
재료는 아니에요. 부드럽게 넘어가는 포타주와
는 또 다른 가벼우면서도 소박한 맛. 한 숟가락
입에 넣는 순간 그 매력에 빠져들 거예요.

기본

단호박 포타주

응용

대파로 향을 낸 감자 포타주
부드러운 당근 포타주
옥수수를 듬뿍 넣은 포타주

입안 가득 퍼지는

채소의 단맛

단호박 포타주

단호박과 버터, 약간의 소금만으로 부드러운 포타주 완성!
블렌더도 필요 없어요.

소요시간 **25분**

재료

단호박 …… 1/4개(약 400g)
버터 …… 40g
소금 …… 1/3작은술
물 …… 350~400ml

만드는 법

1. 단호박은 씨와 속을 수저로 제거합니다. 4조각으로 잘라 껍질을 벗기고 8등분 합니다.(랩으로 싸서 600w 전자레인지에 1분 30초~2분 정도 돌리면 자르기 쉬워요.)

2. 냄비에 버터와 단호박을 넣어 중불에 올리고 잠시 볶다가 물 150ml를 넣고 뚜껑을 덮어 쪄줍니다. 눌어붙을 것 같으면 물을 조금 넣습니다.

3. 약불 상태에서 수분을 날리면서 주걱으로 단호박을 으깹니다. 남은 물을 섞어가며 원하는 정도로 걸쭉하게 만든 다음 소금으로 간을 맞춥니다.(단맛이 부족하면 설탕을 넣어주세요.) 빵과 함께 먹어도 맛있답니다.

아는 만큼 더 맛있어진다!

부드럽지 않아도 괜찮아

포타주는 프랑스어로는 포타주 리에(potage lié)라고 합니다. lié는 '잇는다'라는 뜻이에요. 밀가루나 녹말, 감자 등의 전분질, 또는 크림이나 계란 노른자 등의 걸쭉함으로 재료를 한데 어우러지게 이어주는 거지요. 단호박, 감자, 순무 등은 삶으면 부드럽게 으깨져 퓌레 상태가 되기 때문에 블렌더 없이도 만들 수 있어요. 완전히 부드럽다기보다 오히려 식감이 살아 있는 포타주가 됩니다. 섬유질이 있는 푸른 채소나 껍질이 있는 옥수수, 딱딱한 당근 등으로 포타주를 만들 때는 블렌더를 사용해야 부드러워집니다.

농도는 마지막에 조절하기

포타주는 채소를 삶아 으깬 다음에 걸쭉함을 조절하려고 수분을 더합니다. 우유나 생크림을 첨가하면 더욱 진한 맛으로 마무리되지요. 2인분 정도의 포타주는 물 1~2큰술로도 걸쭉함의 차이가 제법 나기 때문에, 물은 한 번에 넣지 말고 상태를 봐가면서 조금씩 넣는 것을 추천합니다. 소금도 처음에는 조금 넣었다가 농도를 맞춘 다음에 간을 보며 가감하세요.

토핑으로 적합한 재료

포타주는 기본적으로 처음부터 끝까지 맛이 일정한 수프입니다. 때문에 토핑으로 포인트를 주면 더 맛있게 먹을 수 있어요. 향과 식감을 고려해 삶거나 튀긴 채소를 얹으면 깊은 맛을 느낄 수 있습니다. 굵은소금을 뿌리는 것도 추천. 한 그릇 안에서도 맛의 진하기가 달라집니다.

대파로 향을 낸 감자 포타주

포실한 감자의 맛을 대파와 버터가 더욱 살려주는 최고의 포타주입니다.
바삭하게 구운 베이컨을 올려 식감에도 재미를 더해보세요.

소요시간 **20분**

재료

감자 …… 3개(400g)
대파 …… 1/2개
베이컨 …… 30g
버터 …… 20g
소금 …… 1/3작은술
물 …… 약 400ml

만드는 법

1 감자는 껍질을 벗기고 반으로 자른 뒤 1cm 간격으로 썰고,
　　베이컨도 1cm 간격으로 썰어줍니다.

2 대파는 다져서 버터와 소량의 물과 함께 냄비에 넣고 약불로 볶습니다.
　　대파가 익었다 싶으면 감자와 소금을 넣고 자작해질 만큼의 물(300~400ml)을 붓고
　　뚜껑을 덮어 10~15분 끓입니다.

3 감자가 부드러워지면 불을 끄고 국자 등으로 성글게 으깹니다.
　　적당한 농도가 될 때까지 물을 넣고 섞다가 다시 데워가며 소금을 넣습니다.
　　팬에 식용유(분량 외)를 두르고 베이컨을 바삭하게 구워 수프에 올려줍니다.

부드러운 당근 포타주

맛있게 익힌 당근을 포크로 으깨어 만드는 포타주입니다.
채칼을 이용하면 간단하게 채 썰 수 있고,
큼직한 프라이팬이나 냄비로 조리하기도 쉽습니다.

소요시간 **35분**

재료

당근(대) …… 1개(200g)
간 마늘 …… 새끼손가락 한 마디 정도
월계수잎 …… 1장
올리브유 …… 1큰술
소금 …… 1/2작은술
물 …… 300~400ml

만드는 법

1 당근은 껍질을 벗기고 2~3mm 간격으로 얇게 썰어줍니다.

2 궁중팬에 당근, 마늘, 올리브유를 넣고 중불에서 5분 볶습니다.
   (마늘을 너무 많이 넣지 않도록 주의하세요.)
   물과 월계수잎을 넣고 뚜껑을 덮어 부드러워질 때까지 25분간 찝니다.

3 월계수잎은 제거하고 소금을 넣은 다음 익힌 당근을 포크로 으깨줍니다.
   물을 조금씩 넣어가며 농도를 조절하세요.
   블렌더로 갈아주면 더욱 부드러운 수프가 됩니다.

옥수수를 듬뿍 넣은 포타주

이 포타주는 블렌더를 사용하세요.
옥수수만으로 간단하면서도 고급스러운 맛을 냅니다.

소요시간 **20분**

재료

옥수수 …… 2개
버터 …… 10g
소금 …… 1/2작은술
우유 …… 100ml
물 …… 400ml

만드는 법

1 옥수수는 껍질을 벗기고 3등분한 다음 알갱이를 칼로 잘라냅니다.

2 두꺼운 냄비에 버터와 옥수수 알갱이를 넣고 중불에서 타지 않도록 볶습니다.
   달콤한 향기가 나기 시작하면 물과 함께 옥수수심, 소금을 넣고 5분 정도 끓이다
   심을 건져냅니다.

3 토핑으로 쓸 알갱이를 빼두고 나머지는 블렌더로 갈아줍니다.
   우유를 조금씩 섞어가며 원하는 농도를 맞추고 소금으로 간을 합니다.
   따로 빼둔 알갱이를 토핑으로 얹는데, 크루통을 올려도 맛있어요.

내 나름대로 이렇게 저렁게

'○○을 △△으로 대체해도 되나요?'라는 질문을 자주 받습니다. SNS 등에서 상추를 양배추로, 소송채를 시금 치로, 여주를 애호박으로(!) 대체한, 대단한 발상을 보고 놀라기도 하지요. 레시피에 없는 재료라 맛이 없었다는 얘길 들으면 곤란하겠지만요. 그래도 재료 하나 없다고 이건 못 만들겠다 하지 않았으면 좋겠어요.

그 재료가 어떤 목적으로 쓰이는 걸까 생각해보면 자연 스럽게 대체 재료를 찾을 수 있습니다. 포타주에 얹은 토 핑으로 예를 들어볼게요. 크루통을 올리는 건 바삭한 식 감을 더하고 싶을 때잖아요. 그러니 크래커나 감자칩, 아 니면 전병이 그 역할을 대신할 수 있을 거예요. 딜이나 바질 같은 허브를 쓰는 건 색감과 향이 좋아서니까 파나 피망 같은 걸 다져서 써도 괜찮겠지요.

날마다 식사를 준비하다 보면 재료 하나쯤 없는 건 다반 사입니다. 그렇지만 요리의 재미는 바로 거기 있는 게 아 닐까요? 저 또한 위기다 싶을 때 새로운 수프 레시피가 떠올랐던 것 같아요.

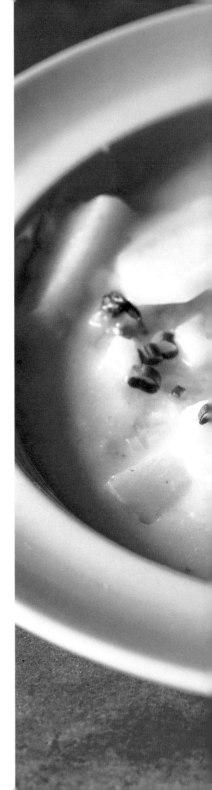

5

크림 스튜

추운 날 목도리에 얼굴을 묻고 돌아왔는데 저녁
메뉴가 크림 스튜였을 때 느끼던 행복. 감칠맛
나고 따뜻한 크림 계열 수프는 그 자체로 진수성
찬입니다. 걸쭉해서 잘 식지 않으니 겨울에 더욱
맞춤이겠지요. 밥에 곁들여도 맛있답니다. 어릴
때 어머니는 크림 스튜에 필라프를 자주 차려주
셨어요.

기본

굴을 넣은 클램 차우더

응용

감자와 연어 크림 스튜
브로콜리와 닭가슴살 크림 수프
대파로 맛을 낸 크림 스튜

밥에 곁들여도 좋은 맛

굴을 넣은 클램 차우더

굴의 진한 감칠맛이 녹아든 눅진한 클램 차우더.
굴을 마지막에 넣어 풍미를 살리는 게 포인트입니다.

소요시간 **25분**

재료

굴 …… 150~200g
대파 …… 2/3개
감자(중) …… 2개
마늘 …… 1쪽
버터 …… 30g
밀가루 …… 2큰술
우유 …… 150ml
소금 …… 1/2작은술
후추 …… 조금
물 …… 300ml

만드는 법

1 굴은 굵은소금(분량 외)을 뿌려 살짝 섞었다가 흐르는 물에 깨끗이 씻어 준비합니다. 감자는 껍질을 벗겨 반으로 자른 뒤 7~8mm 두께로 썰어줍니다. 대파는 다지고 마늘은 으깨주세요.

2 두꺼운 냄비에 버터와 마늘을 넣고 약불로 달구다 어느 정도 향이 나면 대파를 넣고 중불로 볶습니다. 한숨 죽으면 밀가루를 넣고 2분 정도 볶다가 물을 넣어 섞어줍니다. 감자를 넣고 뚜껑을 덮어 12~15분 정도 익힙니다. 타지 않게 가끔 바닥부터 뒤집듯이 저어주세요.

3 우유를 붓고 따뜻해지면 굴을 넣고 끓입니다. 굴이 익으면 소금과 후추로 간을 맞추고 취향에 따라 파를 올리거나 크래커를 곁들여도 좋습니다.

아는 만큼 더 맛있어진다!

맛의 기본은 대파로부터

다진 대파로 간단하게 크림 수프 베이스를 만들 수 있어요. 파는 세로로 칼집을 넣어 썰면 다지기 쉽습니다.

냄비에 버터와 마늘을 넣어 향을 내다가 대파를 넣고 타지 않게 잘 볶고 밀가루를 넣습니다. 살짝 갈색이 나도 실패는 아니니 안심하고 적당히 볶아주세요. 물은 한 번에 붓고 잘 저어주세요. 처음에는 파삭해 보이지만 굴을 끓이는 동안 걸쭉해진답니다. 이렇게 만들면 감자에서 나오는 걸쭉함도 더해집니다.

농도는 취향껏 맞춰보세요. 이 레시피에서 사용한 물의 양으로는 밀가루 1큰술로 아주 가벼운 점성이 생길 정도입니다. 밀가루 2큰술이면 농도가 더 올라가고, 3큰술이면 제법 걸쭉해질 거예요.

엉김 없는 루 만들기

루(밀가루를 버터로 볶은 것)에 엉김이 안 생기게 하려면 버터와 밀가루의 비율, 그리고 볶고 있는 물과의 온도차에 신경을 써야 합니다. 온도차는 클수록 좋기 때문에 루가 뜨거울 때 찬물이나 우유를 넣고 잘 저어주세요. 그러면 절대 엉기지 않아요. 볶는 시간이나 화력은 크게 상관없답니다. 우유나 물의 양을 조절해 원하는 농도를 맞춰보세요.

우유는 팔팔 끓지 않게

우유는 마지막에 넣어 데우는 느낌으로 열을 가해줍니다. 강불에 끓이면 성분이 분리될 수 있으니 주의하세요.

감자와 연어 크림 스튜

연어와 감자는 누구나 좋아할 수밖에 없는 조합이지요.
익숙한 크림 스튜지만, 홀그레인 머스터드를 더해주면
훨씬 어른스러운 맛이 된답니다.

소요시간 **30분**

재료

양파 …… 1/2개 | 감자(중) …… 2개
연어 …… 2토막 | 만가닥버섯 … 1/2팩(좋아하는 버섯 아무거나)
우유 …… 200ml | 올리브유 …… 2큰술
밀가루 …… 3큰술 | 소금 …… 2/3작은술
홀그레인 머스터드 …… 2작은술
후추 …… 조금 | 물 …… 400ml

만드는 법

1 연어는 소금(분량 외)을 적당히 뿌려 10분 정도 둡니다.
그런 다음 빠진 수분을 닦아내고 먹기 좋은 크기로 자릅니다.
감자는 껍질을 벗기고 반달 모양으로, 양파는 세로로 얇게 썰어 준비합니다.
만가닥버섯은 밑둥을 잘라냅니다.

2 냄비에 올리브유와 양파를 넣고 중불에 올려 볶습니다.
양파가 투명해지면 밀가루를 넣어 볶으면서 물을 조금씩 부어줍니다.
감자와 버섯을 넣고 눌어붙지 않도록 가끔 냄비 바닥에서 뒤집듯 섞어가면서
약불로 10~15분 끓입니다.

3 연어와 소금을 넣고 5분 더 끓이다가 우유와 홀그레인 머스터드를 넣어 데웁니다.
소금과 후추로 간을 하면 완성이에요.

브로콜리와 닭가슴살 크림 수프

우유로 살짝 걸쭉하게 만든 수프입니다.
밀가루 양으로 수프의 농도를 자유자재로 조절할 수 있어요.

소요시간 **25분**

재료

양파 …… 1/2개 | 브로콜리(소) …… 1/2개(150g)
닭가슴살 …… 200g | 우유 …… 200ml
버터 …… 20g | 밀가루 …… 1큰술
소금 …… 2/3작은술 | 물 …… 350ml

만드는 법

1 브로콜리 잎은 먹기 좋게, 줄기 부분은 2cm 너비로 썰어주세요.
   양파는 세로로 얇게 썰어 준비합니다
   닭가슴살은 한 입 크기로 저며서 소금과 후추(분량 외)로 밑간을 합니다.

2 궁중팬에 버터를 넣고 중불로 양파를 숨이 죽을 때까지 볶습니다.
   거기에 밀가루를 넣고 2분간 볶다가 물을 넣고 섞으면서 끓여줍니다.

3 닭고기와 브로콜리, 소금을 넣고 끓기 시작하면
   뚜껑을 덮어 약불로 10~12분 더 끓입니다.
   가끔 주걱으로 바닥부터 돌려 눌어붙지 않게 해주세요.
   브로콜리가 익으면 우유를 넣어 데워주고 소금으로 간을 하세요.

대파로 맛을 낸 크림 스튜

대파를 화이트소스로 부드럽게 끓여낸 어른을 위한 한 접시.
크림치즈에서 심심한 신맛과 함께 깊은 맛이 우러납니다.
와인과 함께 즐겨보세요.

소요시간 **15분**

재료

대파(굵은 것) …… 1개
버터 …… 20g
밀가루 …… 2큰술
소금 …… 1/2작은술
흑후추 …… 조금
우유 …… 약 100ml
크림치즈 …… 20g(낱개포장 제품 1개)
물 …… 300ml

만드는 법

1 대파는 4cm 길이로 썰어 준비합니다. 내열용기에 넣고 물 약간(분량 외)을 뿌린 다음
    랩을 씌워 600w 전자레인지에 3분 정도 돌려줍니다.

2 냄비를 중불에 올려 버터를 넣고 어느 정도 녹으면 밀가루를 한꺼번에 넣습니다.
    주걱 등으로 잘 섞어가며 2분 정도 볶다가 연한 갈색이 올라오면 불을 끕니다.
    뜨거울 때 물을 한 번에 붓고 잘 저어줍니다.
    그런 다음 다시 중불에 올려 더 섞어주세요. 걸쭉해지면 소금을 넣습니다.

3 1의 대파까지 넣고 5분 정도 끓입니다. 우유로 농도를 조절하고 크림치즈를 넣어 녹입니다.
    접시에 담아 흑후추를 뿌리면 완성이에요. (크림치즈는 전자레인지에 데우면 잘 녹아요.)

이번에는 재료가 듬뿍 들어가 반찬으로도 활용할 수 있는 수프를 소개합니다.
밥이나 빵, 면 등을 곁들이면 그 자체로 훌륭한 한 끼가 되지요.
뼈에 붙은 고기나 해산물 수프는 손쉽게 만들 수 있는데,
그에 반해 맛은 기가 막혀서 만든 저조차 놀랄 정도였어요.
또 이번 수프들은 술안주로도 잘 어울린답니다.
국물을 안주 삼아 여유로운 반주도 즐겨보세요.

LIFE SOUP

2

때로는 반찬처럼,
든든한 수프

6

닭한마리 수프

마지막 만찬으로 어떤 수프를 먹겠느냐고 묻는다면 저는 이 닭 한 마리 수프를 고를 거 같아요. 시간을 들인 만큼 닭뼈와 고기에서 우러난 국물의 감칠맛이 좋고 부드러워서 직접 만들었다고는 믿기지 않을 정도거든요. 뼈에서 살이 자연스레 떨어질 만큼 푹 끓인 다음, 그 상태로 뭉근한 불에 올려만 둬도 OK. 국물이 우러나는 재료에 향을 내는 재료를 더해주면 맛이 한결 조화로워집니다.

기본

간단 삼계탕

응용

닭날개와 표고버섯 수프
잔술을 활용한 마유계

셰프가 만든

요리처럼

간단 삼계탕

약재를 조금 줄이는 대신, 국물의 깊은 맛과 닭고기를 제대로 즐겼다는
만족감이 높은 요리법입니다.

소요시간 **70분**

재료(4인분)

닭다리살 ······ 1개 | 닭날개 ······ 4개
쌀 ······ 25g | 마늘 ······ 2쪽
생강 ······ 10g | 대파 ······ 1/2개
소금 ······ 적당량 | 후추 ······ 적당량
물 ······ 1,100ml

만드는 법

1 닭다리살은 4조각으로 자릅니다. 냄비에 준비된 닭다리살과 닭날개를 넣고 재료가 절반 정도 잠길 만큼 물을 부어 강불에 올려 끓입니다. 닭고기 표면이 하얗게 변하면서 거품이 올라오면 국자로 걷어내고 흐르는 물에 씻어주세요.

2 손질한 닭고기, 쌀, 마늘, 생강, 대파의 푸른 부분, 소금 1/2작은술을 냄비에 담아 물을 붓고 중불에 올립니다. 끓어오르면 약불로 줄여 50분 정도 더 끓여줍니다.

3 소금과 후추로 간을 맞춰주세요. 그릇에 옮겨 담고 대파의 흰 부분을 얇게 썰어 곁들입니다. 취향에 따라 참기름을 둘러주면 더 맛있는 냄새가 나지요.

아는 만큼 더 맛있어진다!

뼈 있는 부위와 닭다리살로 내는 닭 한 마리 느낌

삼계탕은 닭 한 마리를 통째로 끓이는 음식입니다. 하지만 평소 요리를 하면서 닭을 통째로 손질하기는 조금 힘들기도 합니다. 그래서 적절한 부위를 조합해서 한 마리 느낌을 내봤습니다. 뼈가 붙어 있는 다리나 날개 부위가 좋아요. 여기서는 구하기 쉬운 닭날개를 사용합니다. 젤라틴도 많이 함유되어 있어 국물 내기에도 좋습니다. 다만 닭날개는 먹을 수 있는 고기 부분이 적은 만큼, 고기 식감이 좋은 닭다리살과 함께 요리하면 닭 한 마리 느낌을 낼 수 있어요.

고기 밑손질로 깔끔한 국물 내기

닭고기는 뜨거운 물에 한 번 데치고 그 물은 버려주세요. 채반에 올려 흐르는 물에 가볍게 씻어 잡내와 거품을 제거합니다. 이 잠깐의 수고로움으로 조리할 때 따로 거품을 걷어내지 않아도 매우 깔끔하고 깨끗한 국물이 우러납니다.

잡내 제거는 향신채소로

닭육수를 낼 때는 잡내를 제거해줄 향신채소를 같이 넣고 끓입니다. 대파나 양파, 마늘, 생강 또는 애매하게 남은 자투리 채소를 활용하면 좋습니다. 너무 많이 넣으면 채소 맛이 강해지니 여기서는 간단하게 대파, 마늘, 생강만 넣었습니다.

닭날개와 표고버섯 수프

뜨끈한 표고버섯을 입에 넣으면 닭과 다시마의 감칠맛을
듬뿍 머금은 국물이 주르르 배어난답니다.
닭, 다시마, 표고버섯의 감칠맛이 한데 어우러진
맛의 삼위일체를 경험해보세요.

소요시간 **55분**

재료(2~3인분)

닭날개 …… 6개(400g) | 생표고버섯 …… 6~7개(약 100g)
마늘 …… 1쪽 | 다시마 …… 10cm(5g)
당면 …… 40g | 소금 …… 2/3작은술
간장 …… 조금 | 후추 …… 조금 | 물 …… 1,000ml

만드는 법

1 생표고버섯은 밑둥을 정리하고 기둥은 잘라줍니다.
  기둥도 같이 끓여야 하니 잘 준비해주세요.

2 먼저 냄비에 닭날개를 넣고 물(분량 외)을 적당히 붓고 끓이다가
  하얀 거품이 일면 물을 버려주세요. 그런 다음 다시 냄비에 닭날개와 함께
  표고버섯과 기둥, 다시마, 통마늘, 물을 넣고 중약불에서 끓입니다.
  끓기 시작하면 다시마는 꺼내고 30~35분 정도 더 끓입니다.

3 소금과 간장, 후추 그리고 당면까지 넣어 3분 끓입니다.
  취향에 따라 참기름을 뿌려도 좋아요.

잔술을 활용한 마유계

아주 간단하고 맛있는 타이완식 약선 수프입니다.
캔으로 나온 잔술 하나를 다 사용한 덕분에 고기 잡내도 없고,
먹고 있으면 어쩐지 몸이 따뜻해지는 기분이 드는 수프예요.
간을 따로 하지 않고 저마다 입맛에 맞게 소금을 넣어 먹는 것도
식탁에 올리는 또 하나의 재미입니다.

소요시간 **20분**

재료

닭날개 ⋯⋯ 5~6개(뼈가 붙은 닭봉이나 닭다리도 OK)
생강 ⋯⋯ 50g | 청주 ⋯⋯ 180ml(1캔)
참기름 ⋯⋯ 2큰술 | 물 ⋯⋯ 200~300ml(고기에 붓는 양)

만드는 법

1 냄비에 참기름 1큰술을 넣고 얇게 저민 생강을 가장자리가 바삭해질 때까지
   중불에서 볶은 다음 다른 그릇에 꺼내둡니다.
   냄비에 다시 참기름 1큰술을 붓고 닭날개를 껍질이 노릇해질 때까지 굽습니다.
   (안까지 익지 않아도 괜찮아요.)

2 꺼내두었던 생강과 청주를 넣고 닭날개가 잠길 만큼 물을 부어주세요.

3 닭날개가 익을 때까지 중불로 약 10~12분 정도 끓여줍니다.
   취향에 맞춰 소금을 넣어 드시면 됩니다.

7

카레 수프

카레에 대한 기호는 너무 다양해서 이야기하자
면 끝이 없지요. 하지만 매일 우리의 식탁에 오
를 끼니라면 산뜻한 느낌의 카레 수프를 추천하
고 싶습니다. 다진 고기와 채소를 볶아 카레가루
와 소금을 뿌리면 즉석 카레 루를 만들 수 있는
데, 그대로 냉동보관도 가능해요. 한번 만들어보
면 틀림없이 식탁에 자주 오를 메뉴랍니다.

기본

제철채소와 다진 고기로 만든 카레 수프

응용

단호박 드라이 카레
그린빈과 다진 고기를 넣은 카레 수프

우리 점심은
이걸로 충분하지

제철채소와 다진 고기로 만든 카레 수프

건강한 여름 제철채소를 사용한 깔끔한 풍미의 카레 수프입니다.
밥과 곁들이면 충분한 한 끼가 되어줄 거예요.

소요시간 **25분**

재료

다진 고기 …… 150g | 가지 …… 2개
토마토(대) …… 1개 | 오크라 …… 6~8개
마늘 …… 1쪽 | 카레가루 … 1큰술(취향에 따라 가감)
소금 …… 2/3작은술 | 올리브유 …… 2큰술
물 …… 350ml

만드는 법

1 가지는 꼭지를 떼고 3cm 너비의 반달 모양으로, 토마토는 꼭지를 다듬고 깍둑썰기로, 오크라는 어슷썰기로 준비합니다. 깊은 팬에 올리브유를 두르고 마늘을 으깨 넣은 뒤 다진 고기를 넣고 중불로 굽되, 고기는 뒤적이지 마세요.

2 바닥면이 잘 익으면 고기를 살짝 풀어주고 가지를 넣어 좀 더 볶습니다. 가지의 숨이 죽으면 토마토를 넣습니다. 토마토에서 수분이 나와 흐물흐물 익기 시작하면 소금을 넣고 3분 정도 볶으며 익힙니다.

3 카레가루를 넣고 잘 섞어주다가 물과 오크라를 넣고 2~3분간 끓입니다.

다진 고기는 노릇하게

대개 카레는 양파 볶기부터 시작하지만 이 레시피에서는 양파를 사용하지 않습니다. 대신 다진 고기를 노릇하게 구워가며 감칠맛과 고소함을 끌어냈지요. 다진 고기를 프라이팬에 평평하게 펼치는 순간 뒤적이고 싶겠지만 잠시만 참아주세요. 고기 가장자리 부분을 들춰 제대로 구워졌는지 확인한 다음 뒤집어줍니다. 납작하고 커다란 햄버그를 굽는 것처럼요.

재료와 카레가루, 소금으로 만드는 카레 페이스트

마지막에 넣은 토마토에서 나오는 물기를 날리는 느낌으로 살짝 볶습니다. 물기를 다 날리지는 않아도 됩니다. 토마토가 익어서 어느 정도 자작해지면 카레가루를 섞는데 그러면 물기가 사라지면서 페이스트 상태가 되지요. 이때 조금 더 볶아주면 카레 향을 더욱 끌어낼 수 있습니다.

카레와 어울리는 채소

카레와 안 어울리는 채소는 없을 거예요. 여름을 맞은 제철채소라면 가지나 오크라 외에도 애호박이나 꽈리고추, 피망 등도 주인공이 될 수 있습니다. 가을이나 겨울에는 무나 연근 같은 뿌리채소도 좋고 고구마나 버섯 종류도 맛있습니다. 여주처럼 향이나 맛이 강한 채소는 단독으로 사용하세요. 채소 고유의 색감을 살리고 싶거나 푹 익지 않아도 맛있는 채소라면 물을 부은 다음에 넣어도 괜찮아요.

단호박 드라이 카레

달달한 단호박에 다진 닭고기의 감칠맛을 더해
아이들도 무척 좋아하는 카레입니다.
단호박으로 카레 페이스트를 만들어 냉동해두면 더 간편하지요.

소요시간 **25분**

재료

다진 닭고기(닭다리살) …… 200g
단호박 …… 1/4개(400g) | 피망 …… 1/2개
버터 …… 20g | 소금 …… 2/3작은술
카레가루 …… 2작은술 | 밥 …… 적당량
후추 …… 조금 | 물 …… 450ml

만드는 법

1 단호박은 씨와 속을 꺼내고 껍질을 벗겨 얇게 썰어줍니다.

2 궁중팬이나 냄비에 버터를 두르고 중불에서 다진 닭고기를 볶습니다.
   잘 익으면 단호박과 물 300ml를 넣은 다음 뚜껑을 덮고 10~12분 정도 찌
   다가 소금과 카레가루를 넣고 국자 등으로 단호박을 눌러 으깨줍니다.

3 남은 물을 다 붓고 다시 불에 올립니다. 소금과 후추로 간을 해주세요.
   밥에 얹고 그 위로 먹기 좋게 썬 피망을 올려줍니다.
   기호에 따라 삶은 계란을 곁들여도 맛있어요.

그린빈과 다진 고기를 넣은 카레 수프

카레에 참기름과 생강을 곁들인, 조금은 독특한 수프입니다.
그린빈은 잘 익혀줘야 감칠맛이 살아납니다.

소요시간 **15분**

재료

그린빈 ······ 150g
다진 돼지고기 ······ 150g
생강 ······ 20g
카레가루 ······ 2작은술
소금 ······ 2/3작은술
참기름 ······ 1큰술
물 ······ 400ml

만드는 법

1 그린빈(깍지콩)은 꼬투리를 잘라내고(심이 있으면 제거) 쫑쫑 썰어줍니다.
    생강은 갈아서 준비해둘게요.

2 냄비에 참기름을 두르고 다진 고기를 펼쳐 중불로 2~3분 구워냅니다.
    먹음직스럽게 익으면 다진 생강과 썰어둔 그린빈을 넣고
    전체적으로 잘 섞으면서 2~3분 볶아줍니다.
    그런 다음 소금과 카레가루를 넣습니다.

3 2에 물을 붓고 5~7분 정도 끓이다가 맛을 보고 소금으로 간을 합니다.

8

돼지고기 미소시루(돈지루)

커다란 냄비에 담긴, 여러 가지 건더기가 가득한 돈지루(일본식 된장국인 미소시루에 돼지고기와 여러 재료를 듬뿍 넣은 요리)는 생각만 해도 맛있잖아요. 이 요리를 좀 더 손쉽게 즐길 수 있는 방법은 없을까 고민하다 떠올린 것이 바로 한 그릇 미소시루입니다. 돼지고기와 미소에 좋아하는 채소 한 가지만. 미소를 빠르게 풀어주고 그 국물이 채소에 잘 배어들게만 하면 간단한 재료만으로도 훌륭한 돈지루가 만들어진답니다. 여느 미소시루와는 식감도 다르고 만들기도 간단해서 밥도둑이 따로 없을 거예요. 여기서는 한 끼에 깔끔하게 먹을 수 있는 양으로 만들어볼게요.

기본
연근을 넣은 돈지루

응용
닭고기와 고구마 미소시루
팽이버섯과 버터로 맛을 낸 돈지루
카레 풍미를 살린 여주 돈지루

식탁에
미소시루 혁명을!

연근을 넣은 돈지루

한 가지 채소만으로도 매력적인 식감이 돋보이는 수프입니다.
연근 틈새로 미소 맛이 스며들어 정말 맛있어져요!

소요시간 **20분**

재료

연근 …… 150g
돼지고기(얇게 썬 삼겹살) …… 100g
미소 …… 2와 1/2큰술(40g)
미림 …… 1/2큰술
식용유 …… 1큰술
물 …… 600ml

만드는 법

1 연근은 잘 씻어 세로로 4등분 한 뒤 비닐봉지에 넣고 밀대 등으로 두드려 한 입 크기로 만듭니다. 그런 다음 물이 담긴 그릇에 연근을 살짝 씻고 채반에 받쳐 남은 물기를 빼줍니다. 돼지고기는 3cm 폭으로 썰어둡니다.

2 궁중팬에 식용유를 두르고 중불로 달궈 연근을 볶습니다. 전체적으로 기름을 먹었다 싶으면 돼지고기를 넣고 같이 볶아줍니다.

3 물, 준비한 미소의 절반, 미림을 넣은 뒤 뚜껑을 덮고 약불에서 10분 끓입니다. 그런 다음 남은 미소를 풀고 다시 끓어오르면 불을 끕니다. 기호에 따라 깨를 뿌려줍니다.

아는 만큼 더 맛있어진다!

별도의 육수가 필요없는 돼지고기

돼지고기 고유의 감칠맛에 미소까지 들어가기 때문에 맛있는 국물이 절로 우러납니다. 한 가지 채소만 듬뿍 넣고 끓여도 맛있는 돈지루가 된답니다. 미소는 잡내를 없애는 효과가 있어 돼지고기와 탁월한 궁합을 자랑합니다.

별도의 육수는 없어도 돼요. 채소는 대부분 그 자체로 육수 없이도 맛있지요. 다만 여주(98쪽)처럼 감칠맛이 적은 채소는 육수를 따로 쓰는 게 좋습니다. 참기름이나 유부 등 감칠맛 나는 재료를 넣어도 좋아요.

미소는 처음부터 넣어주기

돈지루를 국물이 자작한 미소 조림이라고 생각하면 어떨까요? 특히 조리는 데 시간이 걸리는 뿌리채소는 냄비에 올리고 준비한 미소의 절반 정도를 바로 넣어주세요. 그렇게 하면 미소의 감칠맛이 잘 배어들어 더 맛있어집니다. 금방 익는 채소라면 미소를 나중에 넣어도 괜찮아요.

양념으로 변화를

푸짐하게 먹기 좋은 돈지루. 돼지고기 잡내는 미소가 잡아주지만 거기에 약간 향긋한 양념이 곁들여지면 끝까지 맛있게 먹을 수 있어요. 가장 일반적으로 고춧가루(시치미)나 대파를 씁니다. 재료에 따라서는 산초나 후추, 깨나 간 생강도 잘 어울린답니다.

닭고기와 고구마 미소시루

돼지고기를 닭고기로 바꿔도 맛있어요.
닭고기 육수와 포근하게 익은 고구마, 그리고 대파에서 우러난 단맛이
미소의 풍미와 잘 어우러져 행복 가득한 한 그릇이 완성됩니다.

소요시간 **30분**

재료

고구마 …… 1개(300g)
닭다리살(토막 낸 것) …… 200~250g
대파 …… 1/2개
미소 …… 3~4큰술(염도에 따라 조절)
물 …… 700ml

만드는 법

1 고구마는 양쪽 끝을 잘라내고 껍질째 2cm 간격으로 둥글게 또는 반달 모양으로
썰어줍니다. 대파는 어슷썰기 해주세요.

2 냄비에 닭고기, 고구마, 물을 넣고 중불에 올립니다.
끓으면 준비한 미소의 절반을 넣고 불을 약하게 줄여 뚜껑을 덮고 끓여줍니다.
5분 정도 끓이다가 대파를 넣습니다.

3 다시 10~15분 정도 끓입니다.
고구마를 찔러봐서 잘 익었으면 남은 미소를 풀어줍니다.

팽이버섯과 버터로 맛을 낸 돈지루

팽이버섯에서 우러나는 진한 맛과 돼지고기 지방이 자아내는 깊은 맛,
거기에 버터의 풍미가 어우러져 밥반찬으로 그만입니다.
계절을 타지 않는 수프로, 맛있는 팽이버섯으로 만들 수 있는 간편함도
무척이나 매력적입니다.

소요시간 **10분**

재료

팽이버섯 …… 1묶음
돼지고기(얇게 썬 삼겹살) …… 80g
미소 …… 2와 1/2큰술(40g)
버터…… 1작은술
물 …… 500ml

만드는 법

1 팽이버섯은 밑둥을 자른 뒤 2cm 너비로 잘라 가볍게 펼쳐주고,
     돼지고기는 1cm 너비로 자릅니다.

2 냄비에 팽이버섯을 깔고 그 위에 돼지고기를 올려 물 100ml를 부은 다음,
     뚜껑을 덮고 중불에서 5분간 찝니다.

3 돼지고기가 익기 시작하면 나머지 물을 넣고 끓이다가 미소를 풀고
     한소끔 끓으면 불에서 내립니다. 그릇에 옮겨 담고 버터를 조금씩 넣어줍니다.

카레 풍미를 살린 여주 돈지루

여름이면 입맛 도는 여주로 밥과 잘 어울리는 카레 풍미의 돈지루를 만들어보세요.
의외의 조합이지만 향긋한 카레와 쌉쌀한 여주가 깜짝 놀랄 만큼 잘 어울린답니다.
여주 자체에서는 채수가 잘 우러나지 않기 때문에 다시마와 가다랑어포로
감칠맛을 끌어올립니다. 우메보시와도 잘 어울리는 맛이에요.

소요시간 **20분**

재료

여주 …… 1개 | 돼지고기(삼겹살이나 목살) …… 100g
다시마 …… 5cm | 가다랑어포 …… 4g
미소 …… 1큰술 | 카레가루 …… 2작은술(취향에 따라 가감)
소금 …… 1/3작은술 | 물 …… 600ml

만드는 법

1   여주는 반으로 잘라 씨를 숟가락으로 긁어내고 5mm 간격으로 자른 다음,
    소금(분량 외)으로 살짝 절였다가 씻어냅니다. 돼지고기는 먹기 좋은 크기로 자릅니다.

2   냄비에 물, 다시마, 가다랑어포, 여주를 넣고 중불에 올립니다.
    끓기 시작하면 다시마만 건져내고 미소, 소금, 카레가루를 섞어가며 끓여줍니다.

3   다른 냄비에 돼지고기를 한 장씩 깔고 중불에 올려 익기 시작하면
    2의 미소와 카레 페이스트를 풀고 소금으로 간을 합니다.
    밥에 얹어 먹거나 우메보시, 채 썰어 준비한 양하 등을 곁들여도 맛있답니다.

뚜껑을 덮을까 말까

'냄비 뚜껑을 덮을까요?'라는 질문을 자주 받습니다. 사실 '뚜껑을 안 덮고 만드는 수프'와 '뚜껑을 덮고 만드는 수프'로 나눌 수 있어요.

뚜껑을 덮지 않고 만드는 수프의 대표 주자는 포토푀입니다. 오래 끓이기 때문에 뚜껑을 덮고 싶지만 그러면 냄비 안 온도가 너무 높아져 보글보글 끓어오르면서 국물이 탁해지고 채소가 뭉개지거든요. 뚜껑을 열고 끓이다가 국물이 너무 졸아들었다 싶을 때 물을 넣어가며 끓이는 것이 한결 깔끔한 맛으로 마무리하는 비결입니다.

반대로 미소시루에 감자나 무처럼 잘 안 익는 채소를 넣어 빨리 끓이고 싶을 때는 뚜껑을 덮는 것이 좋습니다. 또 크림 수프처럼 걸쭉한 제형일 때도 뚜껑을 안 덮으면 냄비 바닥에 눌어붙으니 주의하세요.

큰 냄비로 푸짐하게 만드는 카레나 돈지루는 뚜껑을 꽉 닫지 않고 살짝 열어두기도 합니다. 냄비 속 온도가 너무 높아지거나 빨리 졸아들지 않도록 하기 위해서예요.

불이 아닌 냄비 속을 살피기

뚜껑을 덮느냐 마느냐는 불 조절과 연결됩니다. 흔히 레시피를 보면 약불, 중불, 센불 이런 식으로 적혀 있는데요, 사실은 중불의 약불 또는 아주 센 센불과 같이 더 세세하게 나눌 수 있어요. 하지만 인덕션에서 눈금 3과 4 사이라고 한다면 말처럼 쉽진 않을 거예요.

실제로는 불의 세기보다 냄비 속을 살피는 게 훨씬 중요합니다. 국물 요리는 볶음이나 구이에 비하면 훨씬 간단한 편이에요. 어느 정도 불을 올려서 냄비 속 온도를 일정하게 유지만 하면 되니까요. 레시피대로 중불로 해도 원하는 온도가 안 나오면 불을 조금 세게 해주세요. 반대로 너무 끓어오른다 싶으면 불을 줄이고요. 냄비 속을 관찰해가면서 거기에 맞게 불을 조절하면 됩니다.

냄비의 기분 읽기

재료에는 저마다 감칠맛이 올라오는 온도와 상태가 있습니다. 다시마나 멸치는 물에 넣고 천천히 끓일 때 맛있는 성분이 우러나지만 가다랑어포는 끓인 물에 바로 넣을 때 담백한 감칠맛이 우러납니다. 닭고기는 삶다가 거품이 올라오면 그때 약불로 줄여 특유의 꼬들한 맛을 끌어냅니다. 끓인 물을 사용하면 조리 시간을 단축할 수 있냐는 질문을 받은 적도 있지만, 처음부터 천천히 끓여가며 생기는 물의 온도 변화 자체가 중요할 때도 있어요.

요리에는 통제할 수 없는 요소가 생각보다 많습니다. 식재료가 주인공인 만큼, 그 재료가 허락하는 대로만 맛을 이끌어낼 수 있다고 생각합니다. 불을 조절할 때, 그래서 저는 어쩐지 늘 냄비의 기분을 살피는 느낌이랍니다.

프랑스 요리에는 '미토네(mitonner)'라는, 마치 수프를 가리키는 듯한 단어가 있습니다. 보글보글 뭉근하게 끓이는 상태를 이르는 말로, 그만큼 정성을 들였다면 그 수프는 성공했다고 봐도 좋겠지요.

9

해산물 수프

생선을 활용한 수프는 보관이 쉽지 않지요. 그래서 맛있는 생선 수프를 제공하는 가게도 찾기 어렵습니다. 그런 만큼 집에서 만들어볼 만한 가치가 더 있지 않을까요? 어렵게 생선을 손질할 필요는 없어요. 처음에는 통조림을 활용해보고 토막 생선을 사다 써도 괜찮습니다. 만들다 보면 찌거나 굽는 것보다 수프로 끓이는 것이 생선을 더욱 손쉽게 식탁에 내는 방법이란 걸 알게 될 테니까요.

기본

고등어 통조림을 활용한 감자 수프

응용

대구를 곁들인 배추 수프
도미 뼈로 끓여낸 부야베스

한 번쯤 만들어 볼 만한 가치

고등어 통조림을 활용한 감자 수프

고등어 통조림으로 부담 없이 만들 수 있는 생선 수프입니다.
오늘 식탁이 뭔가 부실하게 느껴진다면 이 한 접시를 만들어보세요.

소요시간 **30분**

재료

고등어 통조림 …… 1통
감자 …… 2개
양파 …… 1/2개
소금 …… 1/3작은술
후추 …… 조금
물 …… 600ml
레몬 …… 조금(시판 레몬즙도 OK)

만드는 법

1 양파는 반으로 갈라 얇게 썰고 감자는 껍질을 벗겨 1cm 너비로 둥글게 썰어줍니다.

2 냄비에 양파, 감자, 물을 넣고 뚜껑을 덮은 다음 중불에서 끓입니다.

3 감자가 부드럽게 익었을 때 고등어 통조림의 물기를 살짝 빼고 넣습니다. 소금으로 간을 맞춰 그릇에 담고 레몬을 곁들여 후추를 뿌리면 완성입니다.

아는 만큼 더 맛있어진다!

수프에 어울리는 해산물

수프 끓이기에 좋은 해산물에는 무엇이 있을까요? 먼저 흰살 생선을 추천할게요. 대구나 도미, 연어(붉은색을 띠고 있지만 사실은 흰살 생선) 등은 독특한 냄새도 없고 감칠맛이 잘 우러날 뿐 아니라 토막으로 사오면 따로 손질할 필요도 없지요. 새우, 오징어, 조개 등은 특히 감칠맛이 강합니다. 전골로 자주 먹는 해산물을 떠올리면 이해하기가 쉬워요. 참치와 고등어, 가다랑어 같은 붉은살 생선은 가공 처리된 통조림이 오히려 수프로 만들기 좋으니 기억해두세요.

너무 오래 끓이지 않기

생선을 활용한 수프는 기본적으로 너무 오래 끓이지 않도록 유의합니다. 생선의 감칠맛은 금세 우러날뿐더러 너무 오래 끓이면 오히려 비릿함이 올라오기 때문이에요. 특히 건더기로도 즐기고 싶다면 더욱 그렇죠. 생선살이 뭉그러져 제대로 먹을 수 없으니까요. 크기에 따라 다르지만, 5~15분 정도만 익혀도 감칠맛은 제대로 우러납니다. 생선 수프를 만들 때 '채소 먼저, 생선 나중'을 기억하세요.

생강, 마늘, 허브, 요긴한 삼총사

생선 수프에 향을 더해주면 더욱 근사해집니다. 생강과 마늘은 기본이고, 타임과 월계수잎, 파슬리 같은 허브와 향신료도 추천합니다. 특히 타임, 펜넬, 딜 등이 생선과 잘 어울립니다. 시중에서 소량으로 파는 팩을 활용해보세요.

대구를 곁들인 배추 수프

배추와 대구, 마치 전골 재료처럼 보이지만
마늘과 올리브유를 이용해 수프로 변신이 가능하답니다.
담백한 국물과 함께 건더기는 마요네즈를 활용한 소스에 찍어 드세요.

소요시간 **20분**

재료

배추 ⋯⋯ 300g(3~4장) | 소금에 절인 대구 ⋯⋯ 2토막 | 마늘 ⋯⋯ 1쪽
올리브유 ⋯⋯ 1큰술 | 소금 ⋯⋯ 1/2작은술 | 물 ⋯⋯ 약 600ml

【아이올리 소스】 ※ 재료를 섞어주세요
마요네즈 ⋯⋯ 2큰술 | 다진 마늘 ⋯⋯ 1작은술

만드는 법

1 배춧잎은 깨끗이 씻어 먹기 좋게 썰고 마늘은 껍질을 벗겨 칼로 으깨줍니다.

2 냄비에 올리브유와 마늘을 넣고 약불로 천천히 향을 냅니다. 마늘이 적당히 익으면
   배추와 물 100ml를 넣고 뚜껑을 덮은 다음 중불에 올려 5분간 쪄줍니다.

3 대구와 나머지 물을 모두 넣고 3~4분 끓이다가 소금으로 간을 맞춥니다.
   잘 익은 대구와 배추는 아이올리 소스에 찍어 드세요.

도미 뼈로 끓여낸 부야베스

상대적으로 경제적 부담이 없는 도미 뼈로 풍부한 생선 육수를 즐길 수 있어요.
생선으로 요리할 때는 소금을 뿌리는 정도의 수고로움만으로 비린내나
잡내 없는 수프를 만들 수 있어요. 파슬리는 듬뿍 넣어주면 더 맛있습니다.

소요시간 **30분**

재료

도미 뼈 ⋯⋯ 1마리 분량 | 토마토 주스 ⋯⋯ 200ml(무염 제품으로, 가염은 소금 양 조절)
소금(가능하면 굵은소금) ⋯⋯ 1작은술 | 마요네즈 ⋯⋯ 2큰술 | 파슬리 ⋯⋯ 1개
물 ⋯⋯ 약 600ml(뼈 양에 맞춰 조절)

【아이올리 소스】※ 재료를 섞어주세요
마요네즈 ⋯⋯ 2큰술 | 다진 마늘 ⋯⋯ 1작은술

만드는 법

1 도미 뼈를 별도의 그릇이나 냄비에 넣고 소금(분량 외)을 골고루 뿌려 10분 정도 재웠다가
   키친타월로 물기를 닦아냅니다.

2 뜨거운 물을 도미 뼈에 듬뿍 둘러주고 젓가락으로 한 번 뒤집어주세요.
   전체적으로 익어 흰색이 올라오면 물을 버린 다음 흐르는 물에 남은 핏물이나 비늘을 씻어냅니다.
   손질한 뼈를 냄비에 넣고 토마토 주스와 물을 부어 센불에 올리고, 거품이 올라오면 걷어냅니다.
   중불에서 10~12분 끓이고 소금으로 간을 한 다음 불을 끕니다.

3 그릇에 담고 다진 파슬리를 얹어 아이올리 소스를 곁들여 드세요.
   취향에 따라 타임이나 파를 올려도 좋습니다.

10

토마토 통조림 수프

한번 딴 통조림은 어쩐지 남기기 아까워 다 넣곤
하는데요, 그러면 토마토 맛이 너무 강해서 수프
가 시큼해지더군요. 토마토 통조림을 절반만 썼
을 때 가장 맛있어서, 통조림 하나로 2인분을 만
들면 딱이라는 생각이 들었습니다. 그래도 쓰고
남았다면 용기에 옮겨 냉동보관 하세요. 또 먹고
싶어서 금방 꺼내 쓰게 될 거예요.

기본

가지와 닭가슴살 토마토 수프

응용

토마토와 브로콜리 수프
병아리콩과 소시지로 만든 토마토 수프
미트볼 수프

토마토 통조림의

완벽한 활용법

가지와 닭가슴살 토마토 수프

토마토에 찰떡궁합인 가지를 활용한 산뜻한 여름용 수프입니다.
닭가슴살은 마지막에 넣어 부드럽게 마무리합니다.

소요시간 **30분**

재료

가지 …… 3~4개
토마토 통조림(홀) …… 1/2통
마늘 …… 1쪽
닭가슴살 …… 150g(1/2장)
차조기 잎 …… 3~4장
올리브유 …… 3큰술
소금 …… 1작은술
후추 …… 조금 | 물 …… 400ml

만드는 법

1 가지는 꼭지를 떼고 먹기 좋게 자르고 마늘은 으깨줍니다. 닭가슴살은 잘라서 살짝 소금(분량 외) 간을 합니다.

2 냄비에 마늘과 올리브유를 넣고 향이 올라올 때까지 약불로 익히다가 준비해둔 가지를 넣고 중불로 투명해질 때까지 볶아줍니다. 여기에 통조림에서 꺼낸 토마토를 손으로 으깨어 넣고 물과 소금도 넣은 다음. 뚜껑을 닫고 15분 정도 끓입니다.

3 썰어놓은 닭고기를 넣고 2~3분간 끓여 익힙니다. 소금과 후추로 간을 한 다음 차조기 잎을 손으로 뜯어 올려줍니다.

아는 만큼 더 맛있어진다!

다 같은 토마토 통조림이 아니에요

토마토 통조림에 그려진 그림을 눈여겨보세요. 그림 속 토마토 모양이 다른 것을 눈치챘나요? 길쭉한 산마르차노 종이 통째로 통조림(홀)을 만드는 데 자주 사용됩니다. 조림에 적합하며 열을 가해도 신맛이 남는 것이 특징입니다. 반면 잘라서 만드는 통조림(커트)에 자주 사용되는 것은 우리도 잘 아는 동그란 토마토입니다. 익히지 않고 먹기에도 좋은 품종이지요. 푹 끓여서 만드는 수프와 가볍게 익히는 수프. 어떤 수프를 만들지에 따라 토마토 통조림을 구분해서 사용할 수 있다면 당신도 수프 고수입니다.

통조림 반 통으로 충분해요

다 써버리잔 마음으로 한 통을 다 쓰면 수프가 아닌 토마토 맛 조림이 되어버립니다. 맛있게 먹으려면 통조림 절반이 적당량이란 걸 기억하세요. 나머지는 공기에 닿지 않도록 밀폐용기나 지퍼백에 넣어 냉동실에 보관하면 언제든 쓸 수 있어요.

신맛을 완화하는 법

토마토 특유의 신맛이 걱정이라면 양파를 투명해질 때까지 볶아서 넣어보세요. 볶은 양파의 단맛이 토마토의 신맛을 줄여줍니다. 통조림 대신 케첩을 넣는 분도 있는데. 그럴 때는 설탕을 아주 조금 더 넣는 것이 전체적인 맛을 흐트러뜨리지 않으면서 신맛을 잡는 비법이랍니다.

토마토와 브로콜리 수프

넉넉하게 만들어 냉동실에 넣어두고 먹을 수 있는 수프입니다.
파스타에 곁들여도 별미예요.

소요시간 **45분**

재료(4인분)

브로콜리 …… 1개
토마토 통조림(커트) …… 1통
소금 …… 1작은술
올리브유 …… 60ml
물 …… 500ml

만드는 법

1 브로콜리를 한 입 크기로 자릅니다. 줄기도 먹기 좋게 썰어주세요.

2 냄비에 브로콜리를 넣고 토마토 통조림을 따서 올리브유와 소금, 물과 함께 넣고
   부드럽게 익으면 한 번 뒤적여줍니다.

3 중불에서 끓어오르면 중약불로 줄이고 뚜껑을 살짝 연 채로 25~30분간 더 끓입니다.
   브로콜리가 익어서 부드러워지면 소금으로 간을 해주세요.

병아리콩와 소시지로 만든 토마토 수프

풍부한 향이 돋보이는 어른을 위한 토마토 수프입니다.
마늘과 생강을 이렇게 넣어도 되나 싶을 만큼 넣어주는 것이 비결입니다.

소요시간 **30분**

재료(4인분)

양파 …… 1/4개 | 소시지 …… 3~4개
병아리콩 통조림 …… 1통(150g) | 토마토 통조림(커트) …… 1/2통
간 마늘 …… 2작은술 | 간 생강 …… 1큰술
올리브유 …… 1큰술 | 소금 …… 2/3작은술
고춧가루 …… 조금 | 물 …… 400ml

만드는 법

1   양파는 잘게 다지고 소시지는 먹기 좋게 자릅니다.

2   냄비에 올리브유를 두르고 양파를 넣어 중불에서 잘 볶다가 소시지도 넣은 다음
    약간 노릇해질 때까지 볶습니다.
    마늘과 생강을 넣고 약불로 향이 올라올 때까지 다시 볶습니다.

3   물기를 뺀 병아리콩과 토마토 통조림, 소금, 물을 냄비에 넣고 15분 정도 끓입니다.
    고춧가루(시치미)를 뿌려 마무리해주세요.
    매운맛을 좋아하면 끓일 때 고추를 썰어 넣어보세요.

미트볼 수프

토마토 풍미가 깊이 배어든 부드러운 미트볼을 폭 끓여서 만드는 수프입니다.
파슬리는 장식용이 아니라 맛있는 건더기라고 생각하고 꼭 넣어보시길!

소요시간 **30분**

재료

【미트볼】

다진 고기 …… 300g | 소금 …… 1/3작은술 | 빵가루 …… 4큰술(12g)

케첩 …… 1큰술 | 물 …… 3큰술

양파 …… 1/2개 | 토마토 통조림(홀) …… 1/2통 | 소금 …… 2/3작은술

후추 …… 조금 | 버터 …… 10g | 물 …… 500ml | 우유 …… 100ml

다진 파슬리 …… 3큰술

만드는 법

1   먼저 미트볼을 만듭니다. 다진 고기에 소금을 섞어 잘 반죽하고 찰기가 생기면
    빵가루와 케첩, 물을 넣고 반죽해 12등분 합니다.

2   냄비에 성글게 다진 양파와 버터를 넣고 중불에 볶으면서 토마토를 으깨어
    과즙과 함께 넣습니다. 그런 다음 물을 붓고 한소끔 끓여주세요.

3   미트볼을 동글게 반죽해서 2에 넣고 소금으로 간한 뒤 중약불로 15분간 끓입니다.
    그런 다음 우유를 넣고 소금과 후추로 간을 합니다. 다진 파슬리도 듬뿍 넣어주세요.

생각해보면 늘 비슷한 수프만 만들고 있지 않나요?
그런 여러분의 고민을 해결해줄 아이디어 레시피를 소개할게요.
아시아 어딘가를 여행하는 것 같은 기분이 드는 수프,
계란을 무한대로 활용하는 수프, 여름에 더 반가운 시원한 수프는 어떨까요.
별로 어렵지도 않고 특별한 재료나 조미료를 많이 갖추지 않아도 괜찮답니다.
요리를 시작하며 두근두근 설렐 수 있는 레시피를 만나보세요.

LIFE SOUP

3

아는 맛에서 색다른 맛으로!
수프 응용하기

11

아시아 수프

타이완에서 다양한 수프를 접하면서, 몇 가지 재료를 어렵지 않게 조합하면서도 지금껏 먹어본 적 없는 맛을 내는 수프가 많아 놀랐습니다. 조금은 색다른 맛을 원한다면 아시아 수프를 만들어보세요. 평소 먹던 재료라도 조리 방법을 살짝 바꾸거나 향신료만 약간 더해주어도 분위기를 확 바꿀 수 있답니다.

기본
옥수수와 스페어립을 활용한 타이완 스타일 수프

응용
스페어립 바쿠테
닭고기와 참마를 넣은 보양 수프
소고기와 셀러리로 만든 베트남 스타일 수프

옥수수와 스페어립을 활용한
타이완 스타일 수프

옥수수와 고기에서 단맛 가득한 국물이 듬뿍 우러난 여름 수프입니다.

소요시간 **60분**

재료

스페어립 ······ 300~350g(4쪽)

옥수수 ······ 1자루 | 맛술 ······ 1큰술

소금 ······ 1작은술 | 물 ······ 800ml

【양념장】 ※ 재료를 섞어주세요

간장 ······ 2큰술 | 설탕 ······ 1큰술

고추기름 ······ 조금

만드는 법

1 스페어립을 냄비에 넣고 물(분량 외)을 조금씩 부어 중불에 올립니다. 살짝 끓으면 고기를 꺼내고 데쳐낸 물은 버립니다.

2 옥수수 껍질을 벗겨 3cm 너비로 잘라줍니다. 냄비에 준비한 스페어립과 옥수수, 물, 맛술, 소금을 넣어 중불에 올립니다. 한소끔 끓어오르면 불을 약간 줄이고 30~40분 더 끓입니다.

3 국물과 건더기를 따로 담아도 좋습니다. 고기는 양념장에 찍어 드세요.

아는 만큼 더 맛있어진다!

따로 또 같이, 국물과 건더기

국물과 건더기를 따로 담아 먹는 걸 추천할게요. 뒤이어 소개할 바쿠테도 마찬가지. 국물과 건더기를 한데 담아도 좋지만 따로 담아 즐겨도 색다른 맛을 느낄 수 있습니다. 스페어립을 양념장에 콕 찍어 먹으면 아시아 어딘가로 순식간에 여행 온 기분을 느낄 수 있을 거예요.

허브와 향신료로 살려낸 아시아의 풍미

고수나 민트, 레몬, 라임, 그리고 중국의 오향분이나 태국의 피시소스같이 동남아 요리에서 빼놓을 수 없는 향신료나 조미료가 있으면 본토의 맛에 훨씬 더 가까워집니다. 구하기 어려운 이런 재료를 평소에는 별로 쓰지 않지만, 이번에는 색다른 맛을 이끌어내고자 몇몇 레시피에 사용해봤습니다. 꼭 도전해보세요.

스페어립 바쿠테

싱가포르나 말레이시아에서 주로 먹는 바쿠테(동남아시아식 돼지갈비탕),
풍부한 마늘과 향신료 덕분에 금세 여행 기분을 만들어줄 거예요.

소요시간 **70분**

재료

스페어립(돼지고기) …… 400g | 마늘 …… 1통(1쪽 아닌 1통)
대파(파란 부분) …… 조금 | 소금 …… 1작은술 | 흑후추 …… 2/3작은술
오향분 …… 조금 | 물 …… 1,200ml

만드는 법

1 스페어립을 냄비에 넣고 물(분량 외)을 조금씩 부어 중불에 올립니다.
   자박하게 끓으면 고기를 꺼내고 물은 버려주세요.

2 다시 냄비에 1의 고기와 껍질째 준비한 마늘, 대파의 푸른 부분을 넣고
   물을 부어 끓이다 약불로 줄이고, 거품을 걷어내며 50분~1시간 끓입니다.
   고기가 부드러워지면 소금, 후추, 오향분을 넣어줍니다.

3 접시에 담고 간장(2큰술)과 설탕(1큰술)을 섞어 양념장을 준비합니다.
   취향에 따라 삶은 소면을 곁들이면 더욱 푸짐합니다.
   양념장에 고기를 찍어 먹어보세요.

닭고기와 참마를 넣은 보양 수프

약선 요리에 자주 등장하는 참마에 닭고기를 곁들인 보양식입니다.
한 입 먹으면 마음 깊은 곳까지 따스함이 전해지는 맛입니다.

소요시간 **40분**

재료(2~3인분)

참마 …… 약 8~10cm(200g)
닭다리살 …… 150g
생강(얇게 저민 것) …… 4~5토막
만가닥버섯 …… 1/2팩
소금 …… 2/3작은술
물 …… 800ml

만드는 법

1 닭다리살은 3~4cm 크기로 잘라줍니다. 냄비에 닭고기와 얇게 썬 생강을 넣고
   물을 부어 중불에 올립니다. 거품이 올라오면 건져냅니다.

2 참마는 껍질을 벗겨 2cm 너비로 자릅니다.(굵직하면 반달 모양으로 썰어주세요.)
   만가닥버섯은 밑둥을 제거하고 손으로 큼직하게 뜯어 준비합니다.

3 참마와 만가닥버섯을 1의 냄비에 넣고 약불로 줄여 30분 정도 조용히 끓입니다.
   마지막으로 소금으로 간을 해주세요.

소고기와 셀러리로 만든
베트남 스타일 수프

소고기와 향신채소를 이용해 몸속까지 깨끗이 씻겨나가는 듯
깔끔한 맛을 낸 수프입니다.

소요시간 **20분**

재료

소고기(얇게 썬 것) …… 150g
셀러리 …… 1개
새송이버섯 …… 1개
생강 …… 1토막
고수 …… 3줄기
소금 …… 1작은술
물 …… 600ml

만드는 법

1 셀러리(줄기)와 새송이버섯, 생강은 얇게, 고수는 쫑쫑 썰어줍니다.
고수 뿌리는 버리지 않고 남겨둡니다. 소고기도 먹기 좋게 잘라둡니다.

2 냄비에 물과 소금, 고수 뿌리, 셀러리 줄기와 잎 2~3장, 생강, 새송이버섯을 넣어
5분 정도 끓입니다.

3 소고기를 잘 펼쳐 넣고 한소끔 끓이며 거품을 걷어냅니다.
소금으로 간을 맞춘 다음 그릇에 옮겨 담고 고수를 얹어줍니다.
기호에 따라 민트나 레몬즙을 넣어도 맛있어요.

다지기의 반격

다지기와 저미기 중에서 다지기가 더 편하다는 얘길 얼마 전에 들었습니다. 근데 아무리 생각해도 다지는 게 더 힘들지 않나 싶었는데, 좀 더 들어보니 요즘은 도구를 사용하는 사람들이 많아 칼로 직접 다지지는 않는다고 합니다.

저에겐 한편으로 기쁜 소식이었습니다. 서양식 수프나 조림을 만들 때 다진 양파를 많이 사용하는데, 아무래도 손이 많이 가는 과정이다 보니 웬만하면 레시피에 넣지 않았거든요. 그런데 다지기 도구가 있다니 이제 맘 편히 레시피에 넣어도 될 것 같지 뭐예요.

하지만 이런 편리한 도구가 편안함만 가져다주는 것은 아닙니다. 어떻게 자르느냐에 따라 맛에도 다양한 변화가 나타나거든요. 필러로 얇게 저민 애호박, 채칼로 채 썬 당근이나 우엉으로 수프를 만들면 익숙한 모양으로 잘랐을 때와는 전혀 다른 맛이 우러나 식탁에 새로운 변주를 불러오기도 하지요.

그러고 보니 제 레시피에서는 '8mm 두께로 썬다'와 같이 크기를 정해두는 경우가 있어요. '도저히 8mm 폭으로는 자를 수 없더라고요'라는 말을 듣고 안타까웠습니다. 두께를 1mm 단위로 지정할 수 있는 슬라이서가 나오길 간절히 바라볼까요. 그때까지는 '8mm 두께로'라는 레시피를 보셨다면 1cm보다 좀 얇게 해볼까 하는 마음으로 썰어보세요.

12

계란 수프

식재료도 마땅찮고 요리할 시간도, 기력도 없다 싶을 때, 그럴 때 나타나는 부엌의 구세주가 바로 계란입니다. 계란 수프라고 하면 흔히 계란국이나 수란을 떠올리기 쉽지만, 저는 계란 프라이나 오믈렛, 또는 계란 부침도 수프에 넣어봤어요. 조금씩 풀어 약간 걸쭉하게 만들면 부드러워지면서 계란이 수프 안에서 화려하게 피어오릅니다.

기본

미니멀 산라탕

응용

콩나물을 가득 넣은 계란 수프
계란 프라이 수프
마늘과 빵, 계란이 어우러진 소파 데 아호

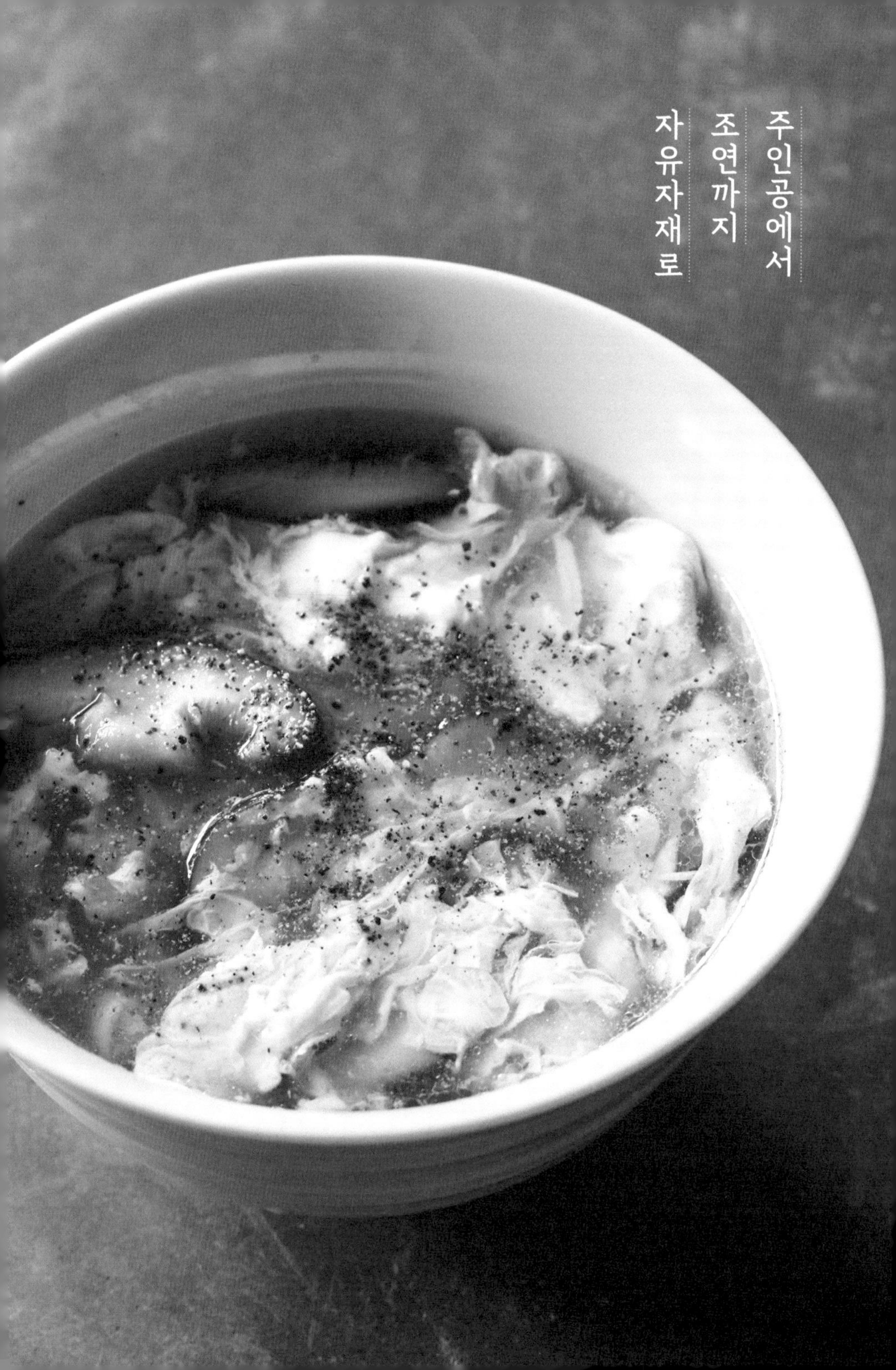

주인공에서
조연까지
자유자재로

미니멀 산라탕

생각날 때 바로 만들어 먹는 산라탕입니다.
말린 표고버섯에서 우러난 국물과 계란의 감칠맛만으로도 충분히 맛있습니다.

소요시간 **7분** ※ 말린 표고버섯 불리는 시간 제외

재료

말린 표고버섯 ······ 3g(자른 것)
계란 ······ 1개
소금 ······ 1/2작은술
간장 ······ 1작은술
식초 ······ 2작은술
녹말가루 ······ 2작은술
참기름 ······ 1작은술
후추 ······ 적당량 | 물 ······ 500ml

만드는 법

1 말린 표고버섯을 물에 담가 냉장고에서 4시간 이상 불립니다.(시간이 없을 때는 그릇에 랩을 씌워 600w 전자레인지에 3분 30초 정도 돌려주세요.) 통째로 말린 표고버섯은 불린 다음 가늘게 채를 썰어 준비합니다.

2 1의 물을 따라내지 않고 그대로 냄비에 옮겨 중불로 끓입니다. 끓어오르면 소금, 간장, 식초를 넣고 물(분량 외)과 1:1 비율로 섞은 녹말가루를 풀어 걸쭉하게 만들어줍니다.

3 계란을 풀어 넣은 뒤 불을 끄고 마무리로 참기름을 둘러줍니다. 그릇에 담고 후추를 듬뿍 뿌려주세요.

아는 만큼 더 맛있어진다!

중화 수프의 육수와 간하기

중화 수프는 어느 정도 국물을 제대로 내주면 좀 더 그럴듯해집니다. 간단하게 닭뼈를 우려내도 좋지만, 여기서는 말린 표고버섯을 사용합니다. 썰어서 말린 표고버섯은 쉽게 불릴 수 있고, 통째로 말린 버섯이면 불린 다음 썰어주면 됩니다. 말린 표고버섯은 물에 불리는 것만으로도 육수가 간편하게 우러납니다. 다만, 생각보다 더 잘 우러나기 때문에 과용하지 않도록 하고, 생각보다 진하다 싶으면 물로 희석해서 사용하세요.

걸쭉하게, 부드럽게

계란 수프의 성패는 걸쭉함에 달려 있습니다. 녹말 등을 넣어 걸쭉하게 만든 국물에 계란을 넣으면 확 풀어지지 않고 깔끔하게 완성됩니다. 계란은 국물에 떨어져 퍼지면서 다시 떠오르기 때문에 건더기가 있는 수프라면 국자로 계란 넣을 공간을 만들어줍니다. 한 군데에 몰아서 넣지 말고 냄비 곳곳에 나누어 넣는 것도 깔끔하게 끓여내는 방법입니다.

만능 계란

계란 수프라고 하면 흔히 계란국을 떠올리기 쉽지만, 어떤 형태로 넣느냐에 따라 다양한 수프를 만들 수 있습니다. 수란을 따로 만들어 넣거나 수프를 끓이는 마지막 과정에 계란을 깨뜨려 넣으면 자연스레 섞이면서 맛있어집니다. 계란 부침이나 계란 프라이도 의외로 잘 어울립니다. 계란 지단을 가늘게 채 썰어 넣으면 국물을 흡수해 더 맛있어져요. 노릇노릇하게 구운 계란 프라이는 감칠맛이 더욱 살아납니다. 미소시루에 넣어도 생각보다 근사하답니다.

콩나물을 가득 넣은 계란 수프

거의 덮밥 소스에 가까운 수프입니다.
콩나물을 가득 넣어 식감을 살리고 푸짐하게 즐길 수 있어요.
야키소바에 올려도 잘 어울립니다.

소요시간 **10분**

재료

콩나물 …… 1봉지(200g)
계란 …… 1개
마늘 …… 약 1/3쪽(다진 마늘도 가능)
녹말가루 …… 2큰술
소금 …… 1작은술
물 …… 약 450ml

만드는 법

1 콩나물은 물에 깨끗이 씻어 채반에 올려 물기를 뺍니다.
   마늘은 다지거나 갈고 계란은 작은 그릇에 풀어 준비합니다.
   녹말가루는 같은 양의 물(분량 외)에 넣어 엉기지 않게 풀어줍니다.

2 뚜껑이 있는 냄비에 콩나물을 깔아줍니다. 물 2큰술과 마늘을 넣고
   뚜껑을 단단히 덮은 다음 센불에서 1분 익히고 중불로 낮춰 3분 더 열을 가합니다.

3 콩나물이 다 익으면 남은 물과 소금을 넣고 끓인 뒤 녹말가루를 푼 물을
   조금씩 넣어 농도를 조절합니다. 풀어둔 계란을 붓고 약 20초 후에 불을 끕니다.
   마무리로 고추기름이나 참기름을 두르면 더욱 감칠맛이 납니다.

계란 프라이 수프

맨날 먹는 계란 프라이에 뜨거운 물만 부으면 완성이라고요?
네, 그런 수프가 타이완에 있답니다!
감칠맛도 좋고 깔끔한 맛이 일품입니다.

소요시간 **5분**

재료(1인분)

계란 …… 1개
생강 …… 1토막
식용유 …… 2큰술
참기름 …… 1/2큰술
소금 …… 적당량

만드는 법

1 생강은 얇게 썰어서 준비합니다.

2 팬에 식용유를 부어 달궈주고 참기름도 두른 후 생강을 굽습니다.
가장자리가 바삭해질 때까지 잘 익힌 생강은 그릇에 옮겨두고 팬에 계란을 넣어
앞뒤로 굽습니다. 프라이팬을 기울여가며 기름을 모으면 좀 더 굽기 쉽습니다.

3 계란이 반숙 상태가 되면 생강과 함께 그릇에 옮겨 담고 뜨거운 물을 붓습니다.
소금으로 적당히 간을 하고 취향에 따라 파를 얹어도 좋습니다.

마늘과 빵, 계란이 어우러진 소파 데 아호

만들다 보면 마늘 향이 엄청나지만 마지막에 계란을 넣어
부드럽게 마무리합니다. 스페인 어느 지방의 전통 요리입니다.

소요시간 **20분**

재료

마늘 ⋯⋯ 1/2개(3~5쪽)
베이컨 ⋯⋯ 50g
바게트 ⋯⋯ 5~6cm
계란 ⋯⋯ 2개
올리브유 ⋯⋯ 3큰술
소금 ⋯⋯ 2/3작은술
물 ⋯⋯ 600ml

만드는 법

1 마늘은 껍질을 벗기고 반으로 잘라 얇게 저밉니다. 베이컨은 1cm 너비로,
빵은 2~3cm 크기로 먹기 좋게 잘라 준비합니다.

2 마늘과 올리브유를 냄비에 넣고 타지 않게 주의하면서 약불로 5~6분 정도
천천히 볶습니다. 마늘이 투명해지면 베이컨을 넣고 더 볶아줍니다. 자른 빵을 넣어
기름기가 스며들면 물을 붓고 중불로 올린 뒤, 끓어오르면 1~2분 더 끓입니다.

3 소금을 넣고 약불로 줄인 다음, 계란을 깨 넣어 2분 정도 익힙니다.
계란이 반숙 상태가 되면 불을 끕니다.

계란 한 알의 행복

남편에게 계란 프라이를 어떻게 해줄까 물어보면 '앞뒤
로 다 익혀줘'라는 대답이 돌아오곤 합니다. 결혼할 때까
지는 계란 프라이를 앞뒤로 굽는다는 개념이 그다지 익
숙하지 않아 처음에는 미국 사람 같은 소리를 하네 하며
계란 프라이를 뒤집곤 했지요. 저희 가족은 저마다 계란
프라이에 대한 취향이 있는데, 저는 '한쪽만 익히되 흰자
가장자리가 바삭한 편'을 선호하고 아들은 '한쪽만 익히
면서도 어디 하나 눌어붙은 데 없는 깔끔한 편'을 좋아하
지요.

요리의 장점은 이런 사소하지만, 음식에 대한 만족도를
좌우하는 '취향'을 자유롭게 맞출 수 있다는 점 같아요.
식당에 밥을 조금 덜 달라고 주문했더니 생각보다 적게
줘서 아쉬운 적이 있잖아요. 이처럼 조금 싱겁게 해줬으
면 하는 마음도 식당에는 쉽게 말할 수 없지만 집에서는
취향껏 조절할 수 있지요. 덮밥이든 단팥죽이든 내 집에
서 내 마음대로 만들어 먹을 수 있다니 정말 신나지 않
나요.

요리에 대한 감이 아주 조금만 있으면 계란 한 개를 가지고도 취향껏 만들어 먹을 수 있습니다. 삶은 계란도 반숙이냐 완숙이냐 고를 수 있고, 같은 계란말이라도 설탕이냐 소금이냐 선택할 수 있지요. 계란 수프를 끓일 때 계란을 몇 개 넣을지도 내 맘대로 정하면 됩니다. 그날 기분에 맞춰 내가 나를 위한 정답을 내리는 나날들이 쌓인다면, 우리는 더욱 행복한 얼굴이 될 것 같은데 여러분은 어떻게 생각하세요?

13

차가운 수프

무더위가 이어지는 여름, 시원한 수프 한 그릇으로 몸과 마음 모두 한숨 돌리고 여유를 찾아갑니다. 불을 최대한 덜 쓰며 만들어도, 냉장고에서 시원하게 식히는 동안 재료에서 감칠맛이 우러나 더욱 맛있어집니다. 만들고 나면 분명 뿌듯해질 거예요.

기본

미소 오이냉국

응용

우메보시를 활용한 오이냉국
토마토를 통째로 넣은 차가운 수프
가지와 닭고기로 만든 보리차 수프

시원한 한여름의 여유

미소 오이냉국

불을 사용하지 않고 만드는 차가운 기본 수프입니다.
맛있게 만드는 요령은 두부나 오이의 물기를 확실히 빼주는 것.
만든 뒤 냉장고에 넣어 차갑게 식혀 드세요.

소요시간 **25분**   ※ 냉장고에 넣어두는 시간과 물기 제거 시간 제외

재료

오이 ⋯⋯ 1.5~2개
두부 ⋯⋯ 1/2모(150~200g)
차조기 잎 ⋯⋯ 3~4장
양하 ⋯⋯ 1개
참깨 ⋯⋯ 1큰술
미소 ⋯⋯ 약 2와 1/2큰술(염분에 따라 조절)
물 ⋯⋯ 500ml | 밥 ⋯⋯ 적당량

만드는 법

1 두부는 물기를 빼둡니다. 오이는 5mm 간격으로 둥글게 잘라 소금을 약간(분량 외) 뿌려 10~15분 정도 뒀다가 키친타월로 물기를 제거합니다. 참깨는 갈고 차조기 잎과 양하는 잘게 썰어 준비합니다.

2 미소를 그릇에 넣고 물을 조금씩 부어가며 풀어줍니다. 여기에 준비한 오이와 잘게 썬 양하와 차조기 잎, 갈아둔 참깨를 넣어줍니다. 물기를 뺀 두부는 손으로 으깨어 넣습니다.

3 냉장고에 최소 3시간 정도 넣어둡니다. 취향에 따라 고명을 더해 밥을 말아 먹어도 맛있어요..

아는 만큼 더 맛있어진다!

물기는 확실히 제거하자

오이에 소금을 뿌려두면 수분도 빠지지만 특유의 풋내도 함께 제거됩니다. 어차피 물에 넣을 건데 굳이 물기를 제거할 필요가 있나 생각하는 분도 있겠지만, 오이나 두부는 수분이 많은 재료라 어느 정도 물기를 미리 빼두지 않으면 수프가 희석되어 맛도 애매해지고 수프도 제대로 스며들지 않습니다. 오이에서 나온 물기는 키친타월 등으로 꼼꼼하게 제거해주세요. 이 수고로움이 이번 레시피의 가장 중요한 포인트랍니다.

참깨로 감칠맛 내기

냉국의 감칠맛을 좌우하는 가장 큰 열쇠는 바로 참깨입니다. 맛국물 내는 과정은 생략할지언정 깨는 생략하면 안 돼요. 참깨는 역시 갓 갈았을 때 최고로 고소한 향을 내지요. 절구가 없다면 키친타월로 감싸 머그컵 바닥 같은 걸로 꾹꾹 누르면 적당히 알갱이가 남은 상태로 고소하게 으깰 수 있어요. 식탁이나 조리대가 상하지 않도록 도마나 헌 잡지 위에서 눌러보세요.

미소시루로 만드는 채소 절임 느낌으로

이 수프는 '국물을 곁들인 채소 절임'에 가깝습니다. 냉장고에 넣어두고 기다리는 시간 동안 건더기로 들어간 채소는 더욱 맛있어집니다. 1단계는 소금으로, 2단계는 미소시루로 간이 된 오이는 수분이 더욱 빠지면서 꼬들꼬들 식감이 살아납니다. 찬밥이든 갓 지은 밥이든 말아 먹으면 다 맛있어요.

우메보시를 활용한 오이냉국

매실 향이 살짝 감돌면서 아삭아삭 얇게 저민 오이가 기분 좋게 씹히는,
샐러드 느낌을 살린 차가운 수프입니다.

소요시간 10분 ※ 냉장고에 넣어두는 시간 제외

재료

오이 …… 1개
우메보시(대) …… 1개(되도록 가염으로)
맛국물 …… 40ml
간장 …… 조금
물 …… 400ml

만드는 법

1 오이는 얇게 썰어 소금(분량 외)을 살짝 뿌려 5~10분 정도 절였다가
키친타월 등을 이용해 물기를 잘 제거합니다.

2 저장용기에 맛국물과 물을 넣고 잘 섞어준 뒤 간장을 조금 넣어 간과 색을 맞춥니다.
그런 다음 오이를 넣고 우메보시도 손으로 으깨어 넣어줍니다.

3 냉장고에 3시간 이상 넣어둡니다. (당면을 넣어도 맛있으니 30g 정도를
뜨거운 물 500ml에 넣고 600w 전자레인지에 3분간 돌려줍니다.
채반에 올려 물기를 제거하고 오이와 함께 넣어주세요.)

토마토를 통째로 넣은 차가운 수프

더위에 지친 몸과 마음이 시원한 맛으로 되살아나는 느낌이 들 거예요.
토마토 하나를 통째로 즐기는 말 그대로 '여름 한 그릇'입니다.

소요시간 10분 ※ 냉장고에 넣어두는 시간 제외

재료

토마토(중) …… 2개
치킨 수프(22쪽 참조) …… 600ml
※ 또는 치킨스톡 1/2개(2.5g)를 물 600ml에 녹여서 준비
소금 …… 2/3작은술(4g)

만드는 법

1 토마토 꼭지를 칼로 도려내고 치킨 수프, 소금과 함께 냄비에 넣어 불에 올립니다.

2 한 번씩 국자로 수프를 떠서 토마토에 끼얹으면서 약불에서 5~6분 정도
   뭉근하게 끓이다가 불을 끄고 그대로 식혀줍니다.

3 열기가 어느 정도 가시면 국자 등으로 토마토를 건져서 껍질을 벗기고
   국물과 함께 냉장고에 넣어 식혀줍니다.
   그릇에 담고 굵은 소금(분량 외)을 가볍게 넣어 간을 맞춥니다.

가지와 닭고기로 만든 보리차 수프

보리차를 베이스로 하는 수프입니다.
생각보다 깔끔하고 고급스러운 맛으로,
보리차를 직접 끓여서 만들면 더욱 맛있습니다.

소요시간 20분 ※ 냉장고에 넣어두는 시간 제외

재료

가지 …… 4개 | 식용유 …… 1큰술
닭다리살 …… 약 100g
보리차 …… 300ml | 물 …… 300ml
소금 …… 2/3작은술 | 간장 …… 2/3작은술

만드는 법

1 가지는 꼭지를 따고 껍질을 벗긴 다음 가로세로 각각 반으로 잘라 물에 씻습니다.
   닭고기는 작게 잘라 그릇에 담고 뜨거운 물을 부었다 건진 다음 채반에 올려둡니다.

2 비닐봉지에 식용유와 잘라둔 가지를 넣고 가지에 식용유가 골고루 배도록
   봉지를 가볍게 주물러줍니다. 가지들끼리 겹치지 않게 내열접시에 올린 다음
   600w 전자레인지로 약 6~7분간 돌려줍니다.

3 보리차와 물을 냄비에 붓고 끓이다가 닭고기와 소금을 넣고 2분 더 끓입니다.
   그런 다음 가지를 넣어 2분 더 끓이고 간장으로 간을 합니다.
   열기가 어느 정도 가시면 냉장고에 넣어 식혀줍니다.
   취향에 따라 차조기 잎을 곁들여도 잘 어울려요.

우리 집
식탁을 구하러
수프가 왔다!

발효식품으로 간편 조리

요리할 시간이 여의치 않을 때, 또는 식탁에 뭔가 하나 더 있었으면 할 때, 그럴 때 후딱 만들어낼 수 있는 구세주 같은 레시피를 소개해드릴게요. 전자레인지로 뚝딱 만들 수 있는 수프와 뜨거운 물만 부으면 완성되는 수프, 1인용 냄비 수프와 같이 뒷정리도 간단하답니다. 여기서 맛을 좌우하는 포인트는 발효식품입니다. 가다랑어포나 미소, 김치, 단술, 자차이, 식초, 요구르트, 낫토, 치즈…… 이처럼 발효를 거치며 자연에서 온 고유의 맛이 수프 맛을 결정합니다. 재택근무 중에, 또는 늦은 저녁이나 바쁜 아침에, 이 레시피라면 여러분의 위장도 마음도 차분하게 만들어줄 거예요.

우메보시와 가다랑어포에
차를 부어 호로록!

우메보시와 가다랑어포에 뜨거운 물(또는 녹차)만 부으면 완성!

재료

가다랑어포 1팩(소), 우메보시 1개, 뜨거운 물 또는 녹차

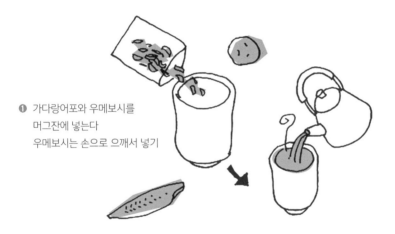

❶ 가다랑어포와 우메보시를
머그잔에 넣는다
우메보시는 손으로 으깨서 넣기

❷ 뜨거운 물을 붓는다
호지차나 녹차도 GOOD!
우메보시를 으깨가며 드세요
간이 부족하다 싶으면
간장이나 소금을 취향껏

우롱차와 김치로
미소시루를!

우롱차를 끓여 미소를 풀고 김치를 넣으면 완성!

재료

우롱차 200ml, 김치 40g, 미소 약 1큰술

❶ 우롱차를 끓인다
시판제품도 OK!

❷ 미소를 풀고 김치를 넣는다

바나나와 아마자케를!

바나나를 전자레인지에 돌려 으깨고
아마자케(일본식 감주)를 부어 데우면 완성!

재료

바나나 1/2개, 아마자케(누룩 타입) 100ml, 우유 50ml

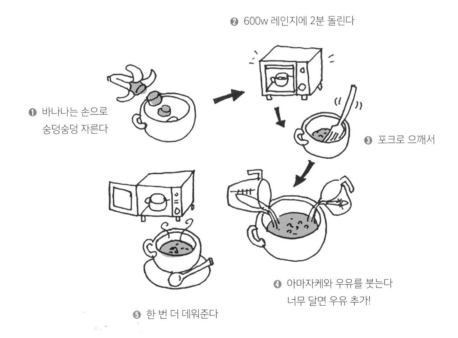

❷ 600w 레인지에 2분 돌린다

❶ 바나나는 손으로
숭덩숭덩 자른다

❸ 포크로 으깨서

❹ 아마자케와 우유를 붓는다
너무 달면 우유 추가!

❺ 한 번 더 데워준다

단호박과 요구르트를 곁들인
즉석 수프

냉동 채소를 활용하면 즉석 수프도 푸짐하게!

재료

단호박(냉동) 3조각(90g), 요구르트 1큰술, 즉석 수프(호박 포타주) 1봉지

❷ 600w 전자레인지에
2분 돌리고

❶ 단호박을 컵에 넣고

❹ 요구르트를 토핑으로 얹기

❸ 즉석 수프 가루와 뜨거운 물을 붓고
단호박을 가볍게 으깨며 섞는다

자차이를 넣은 더우장

두유를 자차이와 함께 데우고 식초와 간장을 넣어주면 완성!

재료

두유 200ml, 자차이 10g, 식초 1작은술, 간장 1작은술,
보리새우 1작은술, 다진 파 약간

❶ 냄비에 자차이와
두유를 넣고 데운다
무첨가 두유로!
자차이는 시판제품으로!

❷ 식초와 간장을 넣고
섞어 후루룩!
취향에 따라 파와 보리새우를
고명으로 얹어도 좋다

발효 삼총사를 넣은 미소시루

미소, 낫토, 치즈, 발효식품 대표 3인방으로 만든 간단 미소시루!

재료

두부 1/2모, 낫토 1/2팩, 피자치즈 1큰술, 미소 1큰술

❶ 내열용기에 물 200ml,
두부, 미소를 넣는다
두부는 깍둑썰기로

❷ 600w 전자레인지
2분 30초 돌리고

❸ 낫토와 피자치즈를 넣고

❹ 다시 전자레인지 30초!

나만의 인생 수프를 찾아서

저는 '수프 레슨'이라는 제목으로 6년간 웹진 〈케이크〉에서 연재를 해왔습니다. 덕분에 그간 『수프 레슨』, 『수프 레슨 2 : 면·빵·밥』이란 책도 낼 수 있었지요. 이번에 세 번째 책을 내면서 현세대와 소통할 수 있는 내용으로 채우고 싶다고 생각했습니다.

지난 6년간 연재를 통해 제철채소를 듬뿍 넣어 간단하게 만드는 수프를 계속 소개해왔습니다. 그러는 사이에도 사람들의 의식은 크게 변해갔습니다. 단순한 맛, 단순한 영양, 혹은 단순한 시간과 효율만 생각하기보다는, 앞에 놓인 새로운 삶의 방식을 보여주는 것은 무엇인지, 많은 이들이 멈춰 서서 자신의 앞날에 대해 생각하고 있습니다.

이 책에서는 앞으로 '새로운 스테디셀러'가 되어 우리의 삶을 응원해줄 수프에 대해 이야기하고자 했습니다. 이미 포토푀와 미네스트로네, 치킨 수프, 토마토 수프, 크림 수프처럼 수많은 스테디셀러 수프가 있습니다. 그래서 익숙한 레시피를 단지 알려주는 것에서 나아가, 무리 없이 계속 이어갈 수 있도록 좀 더 간결한 레시피를 만들고자 했습니다. 또한 지금의 기분을 담은, 식사라는 작은 즐거움을 만들어줄 수프도 소개하고 싶었습니다.

'스테디셀러'란 만드는 사람이 정하는 것이 아닙니다. 이 책에 나온 레시피로 수프를 만들어보고, 그 뒤로도 자주 만들게 되어 그 레시피가 자연스레 다음 세대로 전해진다면, 비로소 스테디셀러가 될 것입니다.

이거 하나면 된다 하고 안심할 수 있는 미더운 레시피가 있다면 우리는 매일 좀 더 편히 지낼 수 있습니다. 식탁에 내놓을 만한, 그래서 우리의 몸과 마음을 정돈해주고 내일을 살아갈 힘으로 이어지는 수프, 그게 바로 '인생 수프'라는 마음으로 저는 이 책을 썼습니다. 부디 이 책을 계기로, 여러분 저마다의 '인생 수프'를 만들어나가길 바랄게요.

아리가 가오루

옮긴이 이정원

대학에서 신문방송학과 국어국문학을 전공했다. 여행을 다니며 만화와 영화로 일본어를 배웠다.
옮긴 책으로는『바닷마을 다이어리 2-한낮에 뜬 달』,『빛의 바다』,『언덕길의 아폴론』등이 있다.

LIFE SOUP
라이프 수프

1판 1쇄 인쇄 2024년 2월 19일
1판 1쇄 발행 2024년 2월 28일

글   아리가 가오루
옮긴이   이정원

펴낸이   정유선
편집   손미선
디자인   송윤형
마케팅   정유선
제작   제이오

펴낸곳   유선사
등록   제2022-000031호

ISBN   979-11-986568-0-3 (13590)

문의   yuseonsa_01@naver.com
       instagram.com / yuseon_sa